BOTANISCHE ABHANDLUNGEN

AUS DEM GEBIET

DER MORPHOLOGIE UND PHYSIOLOGIE.

HERAUSGEGEBEN

VON

Dr. JOHANNES HANSTEIN,

PROFESSOR DER BOTANIK AN DER UNIVERSITÄT BONN.

DRITTER BAND.

ZWEITES HEFT.

Die Blüthe der Compositen

von Dr. Eug. Warming.

BONN,

BEI ADOLPH MARCUS.

1876.

BOTANISCHE ABHANDLUNGEN

AUS DEM GEBIET

DER MORPHOLOGIE UND PHYSIOLOGIE.

HERAUSGEGEBEN

VON

DR. JOHANNES HANSTEIN,
PROFESSOR DER BOTANIK AN DER UNIVERSITÄT BONN.

DRITTER BAND.
ZWEITES HEFT.

Die Blüthe der Compositen
von Dr. Eug. Warming.

BONN,
BEI ADOLPH MARCUS.
1876.

DIE BLÜTHE DER COMPOSITEN.

VON

DR. EUG. WARMING
IN KOPENHAGEN.

MIT 9 LITHOGRAPHIRTEN TAFELN.

BONN,
BEI ADOLPH MARCUS.
1876.

Uebersicht des Inhalts.

Die Blüthen der Compositen.

Ueber die Morphologie der Compositen-Blüthe liegt jetzt schon eine sehr grosse Literatur vor. Ausser den älteren vorzüglichen Arbeiten von Cassini und Rob. Brown haben wir in der neueren Zeit eine Reihe guter Arbeiten erhalten, die auf verschiedene Weise zur Kenntniss derselben beigetragen haben, so namentlich die von Buchenau, Payer, Koehne und Hänlein. Es dürfte daher überflüssig scheinen, schon jetzt eine neue Arbeit erscheinen zu lassen; man könnte denken, es wäre die Entwickelung und der Bau schon so vollständig bekannt, dass nur noch wenige und unbedeutende Beiträge geliefert werden könnten. Dieses ist aber gewiss nicht der Fall; die Familie ist eine so ungeheure, der Formenreichthum ein so grosser, dass noch Vieles zu thun sein wird, ehe wir zu Ende sind. Der Beitrag, den ich hier zu liefern suche, wird auch nur ein Bruchstück sein können; an verschiedenen Punkten würde es wohl lohnend gewesen sein, weiter zu gehen, allein ich wurde durch andere Untersuchungen, die mir näher lagen, davon abgehalten, dies auszuführen. Die Punkte, worauf ich meine Aufmerksamkeit besonders richtete, waren die histologische Entwickelung und die Stellungsverhältnisse der Pappus-Körper; die Frage nach dem morphologischen Werthe derselben. Dann habe ich auch die Entstehung der Spreuborsten u. s. w., des Receptaculum, die Entwickelung der Blüthe im Allgemeinen und mehrere andere Verhältnisse mit in Betracht ziehen müssen. Die Resultate werden im Folgenden mitgetheilt, durch eine kleine Zahl meiner Zeichnungen näher erklärt.

I. Receptaculum.

Entstehungsfolge der Blüthen. Bekleidung des Receptaculum.

Ueber die Entwickelung des Receptaculum habe ich früher[1]) einige Beobachtungen publicirt, zu denen ich wenig Neues zu fügen habe. Die Stengelspitze, die sich zur Bildung eines Köpfchen anschickt, verliert ihren regelmässigen inneren Bau mit mehreren Periblem-Schichten und einem oft recht schön abgesetzten Plerom; sie wird breiter, mehr halbkugelig, und unter dem Dermatogen erhalten sich gewöhnlich nur noch 1 oder 2 regelmässige Periblem-Schichten; alles Uebrige wird ein unordentliches oder mehr in senkrechten Reihen geordnetes Parenchym, in welchem lufterfüllte Intercellular-Räume oft in grosser Mächtigkeit auftreten; bei einigen wird das ganze Receptaculum durch Zerreissen des Gewebes und Zusammenfliessen der Intercellular-Räume völlig hohl; das Receptaculum und der Köpfchenstiel von *Centaurea Jacea* bestehen aus einem schwammigen Gewebe, dessen Zellwände theilweise stark verdickt und mit zahlreichen tiefen Porenkanälen versehen sind.

Der in dem noch ganz jungen Receptaculum deutlich nachweisbare Vegetations-Punkt (die Initial-Zellgruppe Hanstein's) ist in dem älteren völlig erloschen, das Wachsthum ist nun noch ein diffus interkalares, und dieses Stadium ist oft schon eingetreten, ehe die ersten Blüthen zum Vorschein kommen. Es ist schwierig zu sagen, ob die Spitze der Axe nicht oft später von einer Blüthe occupirt wird, die also gerade über der Stelle des erloschenen Vegetations-Punktes zu stehen kommt; doch ist es mir mehr wie wahrscheinlich, dass dies oft der Fall ist, dass wir somit eine terminale Blüthe des Köpfchen haben, die dennoch als eine Neubildung und nicht als directe Fortsetzung der Axenspitze, durch die Arbeit des alten Vegetations-Punktes entstanden, zu betrachten ist[2]).

---

1) Recherches sur la ramification des Phanérogames, in den Schriften der dän. Gesellsch. d. Wissensch. Sér. V, Bd. X, Tab. I und II. Im folgenden gewöhnlich nur als »Ramification« citirt.

2) Ueber die pseudoterminalen Blüthen der Pflanzen aus der Polygamia segregata vergl. Buchenau Bot. Ztg. 1872.

Entstehungsfolge der Blüthen. Die Blüthen entstehen in jedem Köpfchen typisch immer in centripetaler spiraliger Folge. Doch soll nach Hänlein[1]) das Köpfchen von *Broteroa trinervata* eine Ausnahme machen, indem eine Anzahl von Höckern an dem Köpfchen »in akropetaler Reihenfolge und später auch intercalar« entstehen, »welche entweder einfach bleiben und dann unmittelbar eine Blüthe produciren, oder die zum Theil im ganz jungen Zustande schon wieder Zweige mit je einer Blüthe entwickeln«. Leider konnte ich diese Pflanze nicht untersuchen. Nur an ganz vereinzelten Pflanzen war ich darüber in Zweifel, ob alle Blüthen rein akropetal entstanden, ohne dass eine oder mehrere unter anderen höher liegenden angelegt wurden, z. B. bei *Gnaphalium uliginosum.* Das Receptaculum wird fast kugelförmig, ehe die Involucral-Blätter angelegt sind; die äussersten (weiblichen) Blüthen erscheinen zuerst und centripetal; die centralen (Zwitter-)Blüthen sind aber vom ersten Hervortreten an weit grösser als jene und machen daher den Eindruck, als ob sie wenigstens früher als die obersten der weiblichen Blüthen angelegt werden (Taf. 8, Fig. 28, 29); ich habe aber noch nicht den Beweis führen können, dass dieses wirklich der Fall ist, und muss es einstweilen dahingestellt sein lassen. Bei *Tussilago Farfara,* bei der man schon im August weit entwickelte Köpfchen finden kann, herrscht ein ähnlicher sehr bedeutender Grössenunterschied zwischen den peripherischen, weiblichen und den centralen, hier männlichen Blüthen, welche die grössten sind (8, 15, 16); jene entstehen vor diesen, ob alle, ist mir aber auch unentschieden geblieben.

Aehnliche Grössen- und Entwickelungsunterschiede wie diese, welche in der frühesten Jugend beobachtet werden, dauern noch lange zwischen den Blüthen verschiedenen Geschlechts. So ist bei *Gnaphalium uliginosum* die Axe der weiblichen Blüthen eben becherförmig geworden, wenn die Zwitterblüthen schon Staubblattanlagen haben (8, 27 und 28); während jene keine Spur von Kelch aufweisen können, ist ein solcher schon bei diesen angelegt. Wenn die weiblichen Blüthen von *Tussilago* eben nur Krone und einen sehr schwachen Kelch haben, sind die männlichen nicht nur mit Krone und Kelch, sondern auch mit

1) F. H. Hänlein, Beiträge zur Entwickelungsgeschichte der Compositen-Blüthe. In Schenk und Lüerssens »Mittheilungen«, 1874.

Staubblättern ausgestattet, und an dem Kelche sind die ersten Pappus-Körper schon angelegt (8, 16), und wenn diese schon gelbliche Kronen und langen Pappus haben, sprosst letzter eben hervor bei jenen und die Krone ist ganz blass. Die Entwickelungsthätigkeit wird also zu einer Zeit grösser im Centrum des Köpfchens, und dies zeigt sich sowohl darin, wie die Fig. 16 und 29 zeigen, dass die innersten von den weiblichen Blüthen, obgleich jünger, doch den peripherischen etwas voraus eilen, wie auch in der bei *Tussilago* im Centrum des Köpfchens lebhafteren Bildung der Receptacular-Processe (f, Fig. 16).

Dass die centralen, gewöhnlich hermaphroditischen Blüthen den peripherischen weiblichen oder geschlechtslosen vorauseilen, habe ich auch anderswo bemerkt, z. B. bei *Erigeron*, wo man finden kann, dass die Pappus-Haare der Zwitterblüthen schon begonnen haben, an der Spitze Zähne zu bilden, wenn die der kleineren weiblichen nur halb so lang und ganz glatt sind; ferner bei *Aster Tripolium*, bei *Bidens*, *Senecio vulgaris*, *Pyrethrum corymbosum*, *Anthemis arvensis* (vergl. Taf. 2, Fig. 2 in meinen Recherches sur la ramification), *Centaurea Cyanus* und *C. Scabiosa* u. a.; wenn die Zwitterblüthen von dieser letzten Art schon Anlage des Ovulum und deutlichen Kelch mit Pappus-Anlagen haben, sind die (sterilen) Randblüthen nur halb so hoch und haben einen viel unbedeutenderen Kelch [nebst Andeutungen von Fruchtblättern?]

Köhne hat dieses Verhältniss sehr wohl bemerkt und erwähnt[1]; er scheint es bei folgenden beobachtet zu haben: *Silphium*, *Helianthus*, *Rudbeckia*, *Gaillardia*, *Calendula* und *Centaurea Cyanus*. Wenn er aber in einer Note schreibt: »Dasselbe« (d. i. dass die strahlförmig sich ausbildenden Randblüthen in der Entwickelung hinter den jüngeren Mittelblüthen eine Zeit lang zurückbleiben) »kommt übrigens auch vor bei Randblüthen, die sich nicht strahlenförmig ausbilden; es scheint von einem durch die Hüllblätter ausgeübten Druck herzurühren«, dann wird diese Erklärung wohl nicht völlig hinreichen, obgleich der Druck auch von Bedeutung sein kann. Denn es bleibt dann unbegreiflich, warum es nur die Strahlenblüthen sein sollen, welche diesem Druck nachgeben, und nicht zugleich die äusseren Zwitterblüthen der Radiaten;

1) Köhne: Ueber Blüthenentwickelung bei den Compositen. Berlin, 1869; pg. 20—21.

warum dasselbe nicht zugleich allgemein bei den Randblüthen der *Cynareen*, *Cichoriaceen* und anderen mit zwitterblüthigen Köpfchen versehenen Gattungen vorkommt; warum endlich nicht nur die aller äussersten der weiblichen Blüthen von *Tussilago* und *Gnaphalium* retardirt werden, sondern alle diese hinter den centralen zurückstehen. Es zeugen diese beiden Gattungen bestimmt davon, dass zum grossen Theile die erwähnten Unterschiede in Anlagegrösse und Entwickelungskraft mit dem Geschlecht der Blüthe in Verbindung stehen, und es wird ferner specieller, als ich es gethan habe, darauf zu achten sein, ob solche Differenzen in Grösse u. s. w. sich anderswo finden als da, wo Differenzen im Geschlecht der Blüthen vorhanden sind. Auch der von Köhne angeführte Ausnahmefall spricht für diese Meinung; bei *Senecio cordatus* ist »die Randblüthe in den ersten Stadien nicht auffallend von den Mittelblüthen unterschieden, weder in Grösse, noch in Gestalt; Blumenblätter und Staubblätter werden in ganz normaler Weise« (d. h. wie in den Röhrenblüthen) »angelegt«; erst später abortiren die Staubblätter und die beiden hinteren Kronblätter. Die Randblüthen sind also den Zwitterblüthen weit näher stehend als gewöhnlich. Ich vermuthe, dass *Doronicum macrophyllum* ganz dasselbe zeigen wird, weil auch hier die Staubblatt-Rudimente bisweilen so weit entwickelt werden können, dass einige Pollen-Körner ausgebildet werden, und die Randblüthen deutliche Zwischenformen zwischen den Zwitterblüthen und den gewöhnlichen zungenförmigen weiblichen bilden (vergl. Hildebrand, Geschlechtsverhältnisse p. 25). Uebrigens darf man bei Erwägung dieser Verhältnisse nicht vergessen, dass die oberen Blüthenköpfe von *Echinops* den unteren gleichartigen um ein Beträchtliches voraus eilen (Hänlein, l. c., pg. 7). Bei den zwitterblüthigen *Cynareen* und *Cichoriaceen* geht die Entwickelung und Grösse der Blüthen gewöhnlich ihrer centripetalen Anlage genau parallel. Dass die peripherischen sterilen Blüthen von *Centaurea* u. a. Compositen als abortirte weibliche zu betrachten sind, ging schon aus Hildebrand's Beobachtungen hervor, besonders daraus, dass die Randblüthen von *C. Scabiosa* (l. c. S. 57 und 82) bisweilen weiblich werden; durch die Thatsache, dass sie auch in Grösse einstweilen hinter den hermaphroditischen bedeutend zurückbleiben, erhält dieses Bestätigung.

Im Allgemeinen kann bemerkt werden, dass der Unterschied im Entwickelungsgrade zwischen den jüngsten und den ältesten Blüthen eines jungen Köpfchens sehr verschieden sein kann. Hänlein bespricht dieses (l. c. 7), scheint aber nicht bemerkt zu haben, dass dieses offenbar im Allgemeinen genommen in Relation zu der Form des Receptaculum steht. Wo dieses anfangs sehr hoch und stark kuppel- oder kegelförmig ist, haben die äussersten Blüthen oft alle Organe angelegt, während das Centrum des Köpfchens noch nackt ist z. B. bei *Sogalgina, Bidens, Coreopsis, Matricaria, Pyrethrum, Grangea, Calendula, Tragopogon, Catananche*; auch *Acicarpha spathulata* kann hier genannt werden, derer Köpfchen anfänglich fast ährenförmig ist. Es wird noch näher zu untersuchen sein, ob nicht die mit ächten Bracteen versehenen Köpfchen ein höheres Receptaculum haben — im Allgemeinen genommen — als diejenigen, deren Receptaculum mit Spreuborsten oder Haarbildungen versehen ist; sollte es sich bestätigen, was ich glaube, so dürfte man dem Zusammentreffen dieser Verhältnisse vielleicht einen phylogenetischen Hintergrund geben: diese Gattungen stehen in diesem Punkte den Vorfahren der jetzigen Compositen, deren Blüthenstand vielleicht eine mit Bracteen versehene Aehre war, am nächsten (teratologische Thatsachen würden doch mehr für eine Dolde sprechen).

Einen weit geringeren Alters- und Grössenunterschied zwischen den peripherischen und centralen Blüthen finde ich, wo das Receptaculum flacher ist, wie bei *Cirsium, Carduus, Centaurea, Lampsana, Erigeron, Helminthia, Sonchus, Senecio* u. A.

Bekleidung des Receptaculum. Die Involucral-Blätter dienen als Stützblätter für die Blüthen entweder alle wie bei *Tragopogon, Tagetes, Xanthium* (♀) u. A., oder nur die inneren; in dem ersten Falle müsste man involucrumlose Köpfchen annehmen, wenn man, einseitig, die Sterilität der Involucral-Blätter als das wesentlichste Merkmal derselben betonen würde. Wie bekannt, haben viele Gattungen Bracteen an den Blüthen, und diese gehen oft äusserst leise in die Involucral-Blätter über, wie bei *Zinnia* u. a. Die Bildungszeit dieser Bracteen ist verschieden in Relation zu der ihrer Blüthen. Köhne hat dieses zuerst bestimmt hervorgehoben (l. c. 15—18); später habe ich (»Ramification«) und Hänlein dasselbe besprochen.

Bei einigen entsteht die Bractee vor der betreffenden Blüthe; dahin gehört *Rudbeckia*, die wir alle drei untersucht haben (*R. laciniata, R. Neumanni* u. a.); ich habe sie früher hinreichend besprochen und habe durch Abbildungen gezeigt, dass das Blatt vorhanden ist, ehe irgend welche Zelltheilung die Entstehung der Knospe andeutet. Schon etwas geringer ist das Intervall zwischen Anlegung des Blattes und der Knospe bei z. B. *Heliopsis*, *Dahlia*, *Coreopsis*. Der zuerst erscheinende Höcker wird sehr schnell nach oben sanft abfallend, während er nach unten (aussen) eine schroffe Böschung hat; damit ist oben die Entstehung der Knospe angedeutet, und indem der Höcker sich noch weiter erhebt, tritt eine Trennung zwischen den beiden Gliedern hervor, eine sanfte Furche scheidet die Knospe von dem, einstweilen noch grösseren, Blatte. Dass Knospe und Blatt am Grunde typisch etwas verbunden auftreten, und wie dasselbe an anderen Stellen wiederkehrt, habe ich (l. c.) hinreichend besprochen.

Noch mehr gleichzeitig differenziren Blatt und Knospe sich aus einem gemeinsamen Höcker heraus z. B. bei *Zinnia*, und endlich kommt der Fall vor, dass das Tragblatt nach der Blüthe entsteht. Bei *Callistephus Chinensis* »wächst das Tragblatt scheinbar mit grösster Deutlichkeit erst aus dem zugehörigen Achselspross hervor«, sagt Köhne (p. 17), der dieses Verhältniss als ein primitives Vereintwachsen der beiden gleichzeilig angelegten Glieder betrachtet. Ich fasste dagegen die Sache so auf, dass das Blatt hier wirklich nach der Knospe angelegt wird, und gewissermassen, da es an ihr entsteht, als ihr erstes Blatt zu betrachten ist, und dieser Auffassung schliesst sich Hänlein an (l. c. 11). Neuerlich hat Frank dieselbe Frage berührt[1]), ohne, wie es scheint, meine und Hänlein's Untersuchungen zu kennen. Er stimmt mit Köhne darin überein, dass das Blatt nur scheinbar nach der Knospe entsteht, weil der Höcker, der als erste Anlage auf der Axe der Inflorescenz erscheint, beiden gehören soll. Diese jüngsten Höcker (in dem Köpfchen von *Hypochœris radicata)* haben kreisrunde Grundfläche; an etwas älteren tritt die basipetale Böschung in etwas stärkerer Krümmung hervor, und »diese Partie stellt die erste Anlage der Palea dar«. »Noch deutlicher erkennt man aber auf dem Längsschnitte durch junge Blüthenköpfchen, dass sich das Spreublatt erst aus einem grösseren Höcker, dessen Hauptttheil zur Blüthenanlage wird, herausarbeitet«. Er würde es aber noch deutlicher durch Ver-

1) Pringsheim's Jahrbücher, X. Bd., Heft 2, S. 237, in seiner Abhandlung: »Ueber Entwickelung einiger Blüthen«.

folgung der histologischen Entwickelung erkannt haben. Wie meine Figuren (»Recherches sur la ramification etc.«, tab. II, Fig. 1, 2, 6—10) zeigen, besteht der junge Blüthenhöcker bei *Anthemis arvensis* aus zwei Zellschichten und einem darunter liegenden vorzugsweise aus der 2. Periblem-Schicht hervorgegangenen Parenchym; wenn die erste Andeutung zum Blatte zu finden ist, zeigen sich wenige Zelltheilungen in der 1. Periblem-Schicht an der basipetalen Böschung der Knospe, und so wohl bei dieser als bei anderen Gattungen habe ich gesehen, dass sich auch an älteren Blüthen die Zellen der ganzen Bractee mit Sicherheit auf diese 1. Periblem-Schicht und das überdeckende Dermatogen zurückführen liessen (vergl. 8, 33 von *Anacyclus*). In Fragen wie diese muss man sich an die durch die Beobachtung gegebenen Thatsachen halten, und aus diesen die allgemeinen Resultate und Regeln ableiten; nicht umgekehrt schliessen, dass weil die Blätter in der vegetativen Region vor den Knospen zu Entwickelung kommen, dieses auch so in der floralen sein muss. Wenn die Beobachtung zeigt, dass das Blatt nach der Knospe ins Dasein tritt, und dass die Zeit-Intervalle zwischen Anlegung von Blatt und Knospe beim Uebergang in die florale Region geändert werden, darf man nicht, wie Frank, gegen seine eigene Beobachtungen schliessen, dass nur scheinbar die Knospe vor dem Blatte geboren wird. Sobald andere Beobachtungen vorliegen, die das Gegentheil beweisen, ist es Zeit genug, »scheinbar« zu sagen. Eine Hinweisung auf die möglich vorausgehenden Veränderungen des Plasma etc. der Zellen, die wir nicht kennen, nützt nicht; denn es entsteht natürlich die Frage: fangen solche Veränderungen zuerst in den Zellen an, von denen später die Blattzellen abstammen, oder in denjenigen, die Mutterzellen der Knospe werden. Ich finde, dass man sich hier einstweilen an die durch die directe Beobachtung gegebenen Thatsachen halten muss.

In diese dritte Kategorie gehört ausser *Callistephus*, *Telekia*, *Broteroa*, *Hypochæris* (die auch ich untersucht), *Anthemis* noch *Anacyclus*, *Bidens*, *Sogalgina* und viele andere. Auch *Tragopogon* muss wahrscheinlich hierher gestellt werden, indem eine rudimentäre, sehr spät entstehende, Bractee bisweilen als ein höchst unbedeutender Höcker auf dem Grunde der Blüthe sich findet. Was die histiologische Entwickelung der Bracteen betrifft, so fand ich immer, dass tangentiale Theilungen einer Gruppe von Zellen in der 1. Periblem-Schicht den Anfang machen; dadurch entstehen wenige parallele Zellreihen, die aber bald von verschiedener Höhe werden, indem die mittleren schneller wachsen als die peripherischen (8, 33).

Bei anderen Gattungen, wie *Pyrethrum,* fand ich gar keine Spur, weder von Bractee noch von sonstigen Haarbildungen an dem Receptaculum; während sie also bei dieser völlig abortirt ist, finden wir sie schön entwickelt in sehr nahe verwandten Gattungen, wie *Anthemis.* Gattungen ganz ohne Bracteen scheinen näher verwandt sein zu können mit denjenigen, die Bracteen haben, als mit solchen, die Spreuborsten oder haarförmige Processe des Receptaculum haben, die receptacula nuda näher mit receptaculis paleaceis als mit den receptaculis fimbrilliferis; bisweilen finden sich Arten, die bald ein receptaculum paleaceum, bald ein r. nudum oder alveolatum haben, wie *Callistephus Chinensis* nach Al. Braun. Es scheinen wenigstens zwei verschiedene Wege in dieser Hinsicht betreten zu sein bei der Entwickelung der jetzigen Compositen aus ihren Vorfahren; der eine der, dass die Bracteen ganz weggeworfen wurden, der andere, dass sie verändert wurden, indem sie stark getheilt in die sogenannten Spreuborsten übergingen, wie wir sie z. B. besonders bei den Cynareen finden.

Köhne sagt (l. c. 61): »Analoga für den Pappus bieten vielleicht die Spreuborsten auf dem Blüthenboden vieler Compositen dar, die erst spät auf dem vorher glatten Blüthenboden zwischen den Blüthen entstehen und entweder als Anhangsgebilde äusserlich nicht hervortretender Bracteen oder als stark zertheilte Bracteen anzusehen sein würden«. Ich glaube dieses bestimmter aussprechen zu können: die Spreuborsten der Cynareen sind durch starke Zertheilung von ehemaligen normalen Bracteen entstanden. Eine vergleichende Betrachtung verschiedener Gattungen führt zu dieser Anschauung.

Chardinia xeranthemoides. Die äusseren Involucral-Blätter sind klein, grün mit einem weisslichen dünnen Rande; die inneren werden nach und nach länger, grösser, und der dünne Rand mehr hervortretend. Die innersten, verlängert elliptische, stützen weibliche Blüthen. Danach treten Zwitterblüthen hervor, die ebenso von Bracteen gestützt sind, aber diese werden schmaler, spatelförmig-lancetlich, und die weisse dünne Haut wird relativ noch mächtiger; noch weiter nach innen werden die Bracteen an der hyalinen Spitze kurz zerschlitzt, dann oft tiefer getheilt, und an den Seiten treten lancetliche Zipfel auf; die Zertheilung rückt dann bis an den Grund, und man kann Bracteen finden, die bis zum Grunde in zwei Theile gespalten sind, von denen der eine schmal linear-oblong ist, während der andere bis zur Mitte in 2 oder 3 Zipfel gespalten ist, und jetzt sind alle diese Zipfel fast ganz hyalin. Endlich trifft man in der Mitte des Köpfchen eine Anzahl schmal lineare, hyalinische oder nur ein wenig grünliche Blättchen, und es ist jetzt nicht mehr möglich eine bestimmte Stellung von ihnen in Relation zu den Blüthen zu ermitteln; sie scheinen ohne Ordnung um diesen zu stehen.

Xeranthemum radiatum Lam. verhält sich auf ähnliche Weise. Die äusseren am Grunde grünen, sonst weissen hyalinen Involucral-Blätter gehen nach innen in weit längere über, deren unterer schmalerer Theil grünlich ist. Die Involucral-Blätter gehen ganz leise in die Stützblätter der Blüthen über; die äusseren von diesen sind ungetheilt; weiter nach innen zeigen sie Neigung sich in zwei zu theilen; man findet solche, die halb gespalten sind, dann solche, die zum Grunde getheilt sind, so dass anscheinend zwei völlig selbstständige Blättchen vor jeder Blüthe stehen; endlich werden auch diese getheilt und statt einem Blatte an jeder Blüthe steht eine Anzahl schmal lineare oder bisweilen fast borstenähnliche Blattzipfel, die hyalin oder nur wenig grün sind.

Aehnliche stark getheilte Spreublättchen finden wir bei einer Anzahl anderer Cynareen, ohne dass es doch möglich ist, den Uebergang der Involucral-Blätter in dieselben nachzuweisen; der Zertheilungs-Process ist um einen Schritt weiter geführt, es finden sich keine ungetheilte Bracteen.

Beispiele bietet z. B. *Atractylis cancellata* L. Die äusseren Involucral-Blätter sind stachelig fiedertheilig; die inneren, die ohne Uebergangsformen nach jenen auftreten, sind eiförmig ganzrandig und tragen nur an der Spitze einen Stachel. Jede Blüthe ist nun von einer Masse von spreuartigen, sehr stark und tief getheilten, am Grunde mehr oder weniger zusammenhängenden und membranartigen Organen umgeben (vergl. Reichenb. Ic. Fl. Germ. XV. tab. 745); jede Blüthe hat eine Hülle oder Involucrum, das im höchsten Grade unregelmässig zerschlitzt ist, und das ich als eine umfassende Bractee betrachten muss. Bei der Zertheilung von dieser ist nun ein wichtiger Umstand zu bemerken, der nämlich, dass nicht alle Zipfel in einem Plane liegen, sondern es gehen sowohl nach aussen als nach innen Zipfel von der eine Art Membran oder Scheide bildenden Hauptmasse ab, und diese Scheide springt an den Ecken zwischen drei oder vier Blüthen oft stark kielförmig hervor. Durch dieses Verhältniss ist der Weg zum Verständniss der bei anderen Cynareen in grösster Zahl äusserst unordentlich zwischen den Blüthen entstehenden Borsten gebahnt. — Ich werde nur noch anführen, dass ich ganz dasselbe Verhältniss bei *Carlina*-Arten *(Nebrodensis, acaulis, vulgaris)* beobachtete, doch ist die Zertheilung wohl noch weiter fortgeschritten, und bei anderen Cynareen finden sich getheilte Paleae, die doch mehr den Anschein von selbstständigen linealischen in eine Anzahl dünne Zipfel getheilten Organe haben, als von membranartigen stark zerschlitzten Scheiden; zu diesen Gattungen gehört *Staehelina*, die »paleae lacero-multifidae« oder nach Hooker und Bentham (Genera plant.) »setae basi plus minus in paleas flores amplectentes coalitae« hat [cfr. Reichenbach Ic. Fl. Germ. t. 810 und De Candolle Receuil de mém., tab. 1] und *Amphoricarpus* mit »paleis scariosis integris vel divisis flores amplectentibus« (Hook. et Benth.); sie stimmt vielleicht mehr mit *Xeranthemum* überein.

Eine grosse Zahl Cynareen haben nun Spreuborsten, die völlig borstenähnlich ungetheilt sind, und die in grosser Zahl und in grösster Unordnung die Zwischenräume zwischen den Blüthen ausfüllen, z. B. *Cirsium*, *Carduus*, *Centaurea*, *Volutarella* u. a. Diese Borsten müssen wir offenbar als die am weitesten fortgeschrittene Stufe von der Zertheilung der Bracteen betrachten. Der directe Nachweis hiervon ist mir nicht möglich, denn Uebergänge von den einfachen oder, wie bei vielen *Centaurea*-Arten, am Rande stark getheilten Involucral-Blättern zu den Borsten habe ich noch nicht finden können; nur in den durch Vergleich mit den erwähnten Gattungen und anderen ähnlichen erhaltenen Resultaten liegt die Berechtigung der Auffassung. Auch muss ich den Umstand erwähnen, dass ich nie unzweifelhaft ungetheilte Bracteen zugleich mit Borsten an demselben Receptaculum gefunden habe; sie scheinen einander zu ersetzen. Wenn wir bei einigen Dipsaceen, wie *Cephalaria*, schöne Bracteen und zugleich ein behaartes Receptaculum finden, dann dürften diese Haare wohl hier und überall bei den Dipsaceen von den Spreuborsten verschieden sein, indem sie aus einzelnen starkwandigen Zellen gebildet sind, und den Haarbildungen auf dem Blüthenboden von *Geum urbanum*, vielen *Ranunculus*-Arten gewiss homolog.

Die Spreuborsten der letzterwähnten Cynareen entstehen sehr spät, nach Köhne sogar gleichzeitig mit dem Ovulum; ich fand doch, dass sie bei *Lappa* und *Cirsium palustre* ungefähr gleichzeitig mit den Fruchtblättern, bei *Carduus crispus* gleichzeitig mit den Staubblättern, bei *Centaurea Cyanus* nach den Fruchtblättern angelegt wurden. Bei *Catananche coerulea*, eine Cichoriacee, die auch Spreuborsten hat, waren sie noch sehr klein, als der Eikern schon angelegt war.

Die Spreuborsten treten da auf, wo am besten Platz ist, die ersten also in den Räumen zwischen drei bis vier zusammenstossenden Blüthen; nach und nach füllen sie diese aus und dringen in die engeren Stellen zwischen den Seiten je zweier Blüthen hinein, und hier habe ich bisweilen Spuren von Alternation gefunden, indem sie sich in einer Zickzackreihe stellen (**4**, 10). Nirgends fand ich eine bestimmte Ordnung oder Entstehungsfolge; junge tauchen mitten zwischen älteren auf, und für die Stellen der Bracteen scheinen sie gar keine Vorliebe zu haben. *Volutarella* war in dieser Hinsicht interessanter, weil die stärkeren und zuerst entwickelten Spreuborsten hier vorzugsweise an der Vorderseite der Blüthe standen (**3**, 37: ein Schnitt durch ein junges Köpfchen parallel dem Receptaculum; die Pfeile zeigen das Centrum des Köpfchen an), aber doch nicht so regelmässig, dass man glauben könnte, es stände eine gerade an der Stelle jeder Bractee. Köhne schreibt (pg. 14): »bei *Gaillardia* scheint vor jeder Blüthe nur Eine Borste zu stehen und zwar an derselben Stelle, wo das Tragblatt stehen müsste«, und er betrachtet sie auch als das Tragblatt. An Schnitten durch das Köpfchen von *G. cristata* und einer anderen Art fand ich jedoch nicht nur mehr Borsten als Bracteen hätten vorhanden sein sollen, sondern diese Borsten standen auch bei weitem nicht immer genau vor den Blüthen; an den Ecken der Blüthen, in den grösseren Räumen, also zwischen den zusammenstossenden Blüthen, war ihr Platz. Nur in einem Falle habe ich Borsten gefunden, von denen jede unzweifelhaft einem ganzen Tragblatte homolog war, und zwar bei einer Art der sonst borstenlosen Gattung *Senecio (S. Nemorensis* Hort. Havn.); sie standen hier zusammen mit den gewöhnlichen niedrigen Wülsten, und, so weit ich an dem blühenden Köpfchen sehen konnte, eine vor jeder Blüthe.

Die Spreuborsten entstehen wie Emergenzen und können Gefässbündel führen. Ich habe ihre Entstehung bei mehreren Gattungen beobachtet. Bei *Cirsium arvense* und *lanceolatum* entstehen sie in der 1. subepidermalen Schicht (**1**, 27, 28), seltener in der 2. zugleich; eine kleine Gruppe von Zellen wird tangential getheilt; durch Fortsetzung der Theilungen entstehen einige parallele senkrechte Zellreihen, die bisweilen nicht gleich hoch reichen (**1**, 27 und **2**, 16); ein Uebergreifen der bevorzugten Zellreihen über die anderen findet dann oft Statt, was stärker werden kann als in **2**, 16. Bisweilen ist das innere Gewebe weniger regelmässig geordnet, aber weder in dem einen noch in dem anderen Falle konnte ich eine Scheitelzelle der ganzen inneren Meristem-Masse auffinden. In älteren Borsten sind die Intercellular-Räume gross und luftführend, aber grössere Lufthöhlen bilden sich nicht, auch keine Fibrovasal-Stränge. Die Epidermis-Zellen werden sehr stark und radial gestreckt und werden vielleicht zuletzt an der Spitze der Borste auch tangential und schief getheilt. Eine noch wichtigere Rolle haben sie aber bei *Carduus crispus* zu spielen. Die Bildungsweise ist dieselbe wie bei *Cirsium* (**2**, 20, 21), aber sehr schnell hört das innere Gewebe im Wachsthume auf, während die Epidermis damit fortfährt nicht nur in der Spitze selbst durch andere als die gewöhnlichen Theilungswände, sondern auch unterhalb dieser, wodurch ein grosser Intercellular-Raum gebildet wird. Aeltere Borsten findet man daher hohl, indem sie zum grossen Theile allein aus Epidermis gebildet sind, die eine Lufthöhle umschliesst, wie der Querschnitt Fig. 22, **2**, zeigt. Die Borsten sind doch oft zusammengedrückt, so dass sie aus zwei an einander liegenden Epidermis-Schichten zu bestehen scheinen. So wie *Carduus* verhält sich auch *Centaurea (Jacea, Cyanus, Scabiosa)*.

Die Spreuborsten von *Lappa* sind solider gebaut, denn nicht nur sind sie nicht hohl, sondern man findet auch in der Mitte eine Gruppe von engen langgestreckten Cambiform-Zellen, einen rudimentären Fibrovasal-Strang (**4**, 11); übrigens sind auch hier die Epidermis-Zellen stark und radial gestreckt, und sie sind es offenbar, welchen die Borste vorzugsweise ihre Elasticität verdankt. Auch in der Anlegung schon sind diese Borsten kräftiger als die von *Cirsium*, und eine grössere Zellenzahl wird in Arbeit versetzt, woraus dann mehrere verticale Reihen resultiren. Die Borsten von *Volutarella* sind dagegen weniger kräftig.

Noch muss bemerkt werden, dass ich, wie im inneren Gewebe, so auch in der Epidermis keine Scheitelzelle, ja nicht ein Mal eine gewöhnliche durch Grösse ausgezeichnete scheitelständige Zelle entdecken konnte, und dies selbst in den aller jüngsten Stadien, wo die Borsten gerade über das Receptaculum sich erheben; Scheitelbilder von jungen Spreuborsten finden sich **3**, 39—41 (*Volutarella*): die Zellwände stossen gerade am Scheitel zusammen, eine Scheitelzelle ist dadurch ausgeschlossen.

Dass intercalares Wachsthum überall Statt hat, folgt von selbst; am längsten dauert es am Grunde der Borsten, und man kann hier, z. B. an 5 mm. langen Borsten von *Centaurea Jacea*, ganz jugendliche protoplasmareiche und dünnwandige Zellen finden, während die der höher gelegenen Theile schon in Dauerzustand übergegangen, fest und dickwandig sind.

Auch die Borsten von *Catananche* entstehen wie Emergenzen; wenn alt, bestehen sie aus besonders an den Aussenwänden sehr stark verdickten Zellen; kommen innere Zellen vor, sind sie etwas dünnwandiger. Die sehr steifen elastischen Borsten von *Gaillardia* sind aus sehr stark, fast bis zum Verschwinden der Zellenhöhlungen verdickten Zellen mit harten verholzten porösen Wänden gebildet, und führen dennoch recht grosse lufthaltende Intercellular-Räume. Sie haben keine Gefässbündel.

Die Function der Spreuborsten ist offenbar, wie schon ältere Botaniker (z. B. Vaucher) bemerkt haben, die sehr wichtige, den Früchten bei der Ausstreuung behülflich zu sein; durch den Druck der sich ausbreitenden Pappus-Körper sowohl gegenseitig als gegen die umgebenden Spreuborsten heben die Achänien sich über diese bis zur Mündung des Köpfchens, wo der Wind sie fassen kann. Bei einigen Gattungen wird die Hygroscopicität der Involucral-Blätter, in Folge dessen sie sich abwechselnd öffnen und zusammenbiegen, eine Hülfe dazu leisten können[1]). Doch scheint es, dass die Spreuborsten

1) So wie es fast allein Cynareen sind, die Spreuborsten haben, sind es auch fast allein Cynareen, die hygroscopische Involucral-Blätter haben.

Hygroscopische Involucral-Blätter habe ich bei folgenden Gattungen gefunden: *Centaurea*, *Carduus*, *Cirsium*, *Rhapontium*, *Serratula*, *Alfredia* u. a.; ausserhalb der Gruppe der Cynareen nur noch bei *Helichrysum*; die Involucral-Blätter sind, wenn trocken, sternförmig ausgebreitet, brauchen aber gewöhnlich nur ein Paar Minuten in Wasser zu liegen, um mit dem Verschliessen lebhaft

allein für sich im Stande sind die Früchte heraus zu drücken; so beobachtete ich an einem in einem Fenster aufrecht liegenden der Sonne exponirten Köpfchen von *Volutarella muricata*, dass die Früchte nach und nach in die Höhe und über die Spitzen der Spreuborsten gehoben wurden, so dass sie zwischen diesen ruheten ohne mit anderen Theilen, auch nicht anderen Früchten in Berührung zu sein. Bei dem letzten Theil des Hebungs-Prozesses könnten die kleinen wenig ausgebreiteten Pappus-Körper daher unmöglich mitgeholfen haben; die Spreuborsten müssen die Hebung allein besorgt haben mit Hülfe von dem durch Eintrocknen des Receptaculums entstehenden Drucke. Wo der Pappus ganz fehlt, wie bei *Centaurea Jacea*, müssen sie auch nur in Verbindung mit den Involucral-Blättern und dem Receptaculum die Fruchtaussäung besorgen. Ihr Bau ist denn auch in Uebereinstimmung mit dieser Arbeit: sie sind steif, sehr elastisch, und völlig glatt ohne Spuren von solchen Zähnen, wie wir an fast allen Pappus-Körpern finden; die Achänien können leicht zwischen ihnen hinausgleiten. — Bei *Silybum marianum* fand ich Spreuborsten, die denen der anderen Cynareen ähnlich sind, aber mit einem aus dünnwandigen, etwa isodiametrischen Zellen gebildeten, keulenförmigen Organe enden, dass das Aussehen eines Secretions-Organes hat. Auch verdient bemerkt zu werden, dass ich in den Zellen von Borsten, die lange in Alkohol gelegen hatten, eigenthümliche Inulin-ähnliche Concretionen fand, die ich bisher nicht näher untersucht habe.

Der morphologische Werth der Spreuborsten bei den Cynareen ging aus dem Obenstehenden hervor: sie sind sehr wahrscheinlich durch starke Zerschlitzung der Bracteen entstanden[1]). Ob man sie aber als die feinen Blattzipfel selbst betrachten soll oder als Trichom-Gebilde

---

zu beginnen. Die vertrockneten eingeschrumpften Involucral-Blätter von *Senecio*, *Arnica*, *Sonchus* und vielen anderen Gattungen sind gewöhnlich zurückgebogen, und breiten sich, wenn feucht, wohl mehr sternförmig aus, können sich aber nicht verschliessen.

1) Cassini machte grossen Unterschied zwischen den unveränderten Bracteen, »les véritables bractées du clinanthe, dont chacune accompagne séparément une fleur«, welche er »squamelles« nannte, und den Spreuborsten, »les appendices filiformes ou laminés, groupés plusieurs ensemble autour de chaque fleur«, welche er »fimbrilles« nannte. (Opuscules I, 221.) »Les fimbrilles ne sont point des bractées, mais de simples saillies du réseau«.

des Blattrandes, dürfte eine kaum zu entscheidende Frage sein. Der hyaline Saum an den Involucral-Blättern, der ja oft z. B. bei vielen Centaureen stark und verschiedenartig getheilt ist, bin ich geneigt, als eine trichomatische Neubildung des Involucral-Blattrandes zu betrachten[1]), und bei der Theilung der Bracteen scheint dieser eine grosse Rolle zu spielen. Es ist mir wahrscheinlich, dass die Cilien, Borsten, Stacheln, die wir an den Involucral-Blättern mancher Cynareen finden, den Spreuborsten völlig homolog sind; aber auch bei diesen Cilien etc. entsteht die Frage, ob man sie eher als randständige Trichome (Emergenzen) oder als Blatt-Lacinien betrachten soll. Ob man sich für das Eine oder für das Andere entscheidet, ist doch von geringer Bedeutung. Bildungsabweichungen würden vielleicht auch Licht über die ganze Frage nach dem morphologischen Werthe der Spreuborsten werfen können, aber es sind mir keine bekannt, die dies thun. Es liegen zwar Angaben vor, wo Bracteen abnorm zum Vorschein gekommen sind, z. B. nach Köhne bei *Hieracium* (l. c. 38), nach Engelmann bei *Pyrethrum* und *Coreopsis*[2]), aber diese Gattungen gehören leider nicht zu denen, die Spreuborsten haben.

Von den Spreuborsten der Cynareen verschieden sind die unregelmässig zerschlitzten und gezähnten Wülste und Wälle und kleinen Haarbildungen, welche die Zwischenräume zwischen den Blüthen vieler anderer Gattungen ausfüllen und die wabenförmigen Vertiefungen, in welche die Blüthen eingesenkt sind, umgeben.

Sie sind selten reine Epidermis-Bildungen; Haare, die aus einer Zellreihe gebildet sind, kommen wohl hier und da vor, z. B. bei *Solidago*, *Hieracium*, *Charieis Neesii* u. a., aber sie stehen gewöhnlich auf den interfloralen Wällen, und werden von ihnen in die Höhe gehoben. Bei *Tagetes patula* fand ich Haare, die aus zwei und mehreren Zellreihen gebildet sind, bald mit völlig parallelen Zellreihen, bald mit

1) Vergl. auch Clos: Recherches sur l'involucre des Synanthérées. Ann. d. sc. nat. III Sér., 1854, vol. 16.

2) De antholysi prodromus, p. 64: »Compositarum folia involucralia saepe frondescunt, interdum paleae quoque, quae etiam apparent in receptaculis normaliter nudis e. g. in *Hieracio, Pyrethro, Coreopsides.*« *Coreopsis* hat doch normal Tragblätter (paleae) an den Blüthen.

übergreifender Pseudo-Scheitelzelle, wie bei den später zu besprechenden Pappus-Haaren von *Senecio*, *Taraxacum* u. a. Im Allgemeinen sind die interfloralen Wälle Emergenzen, d. h. in den subepidermalen Schichten gebildet. So entstehen die zusammenhängenden Wülste von *Solidago*, durch welche das Receptaculum »alveolatum« wird, dadurch, dass eine (auf jedem Längsschnitte grosse) Zahl von Zellen tangential getheilt wird; durch Fortsetzung dieser Theilungen entstehen senkrechte Zellreihen, zwischen denen bald grosse Lufträume auftreten (**7**, 33). Die äusseren Wände der Epidermis-Zellen werden dick und stark lichtbrechend. — Auf ähnliche Weise verhalten sich die unregelmässig in warzenförmigen Erhabenheiten getheilten Wälle von *Erigeron*, ferner von *Lactuca*, *Aster* u. a. Nicht nur die Zellen der ersten subepidermalen Zellreihe, auch die der folgenden werden bisweilen in Arbeit versetzt. So scheint es sich besonders mit den Wällen von *Tussilago* zu verhalten (**8**, 23); an Längsschnitten durch ältere Wälle fand ich hier eine Menge mehr oder weniger regelmässig senkrechter Zellreihen, durch grosse Interzellular-Räume getrennt, und daher ein schwammiges Parenchym bildend; aber dieses Gewebe war von zwei Zellschichten überwölbt.

In wahrscheinlich den meisten Fällen, besonders da, wo die interfloralen Wälle in unregelmässige Zipfel auslaufen, gesellen Theilungen der Epidermis-Zellen durch andere Wände als die gewöhnlichen radialen sich früher oder später den subepidermalen an. Solche Wälle finden sich z. B. bei *Hieracium*; die Zahnbildungen des »Receptaculum fimbrilliferum« sind zum Theil durch solche Epidermis-Wucherungen gebildet (**9**, 8); indem die Grenze zwischen den von der Epidermis und den von dem subepidermalen Gewebe abstammenden Zellen bald verwischt wird, erhalten die älteren Wälle ein Aussehen, als ob sie allein Epidermis-Wucherungen wären. Es sind überall vorzugsweise Tangential-Theilungen, durch welche die Wälle aufgebauet werden. Aehnlich verhalten sich die Receptacular-Wülste von *Leontodon hispidus*, *Senecio vulgaris*, *Sonchus* u. a. Bei einigen fangen die Epidermis-Theilungen gegenüber den subepidermalen relativ spät an, bei anderen früher oder wohl gar gleichzeitig mit ihnen, bei einigen sind sie mächtiger als bei anderen, und es liesse sich gewiss leicht eine vollkommene Reihe aufstellen mit solchen Wülsten beginnend, die nur Epidermis-Wucherungen sind, und mit denjenigen endigend, die nur Periblem-Bildungen sind.

Ob alle diese interfloralen Receptacular-Wülste auch als Abstammungsgebilde früherer Bracteen zu betrachten sind, darüber vermag ich nichts zu entscheiden; doch scheint es mir nicht unwahrscheinlich. Nach De Candolle[1]) können die Fimbrillen entweder sehr lang sein, wie bei den Cynareen, »ou très courtes, et même elles le sont quelquefois à tel point, qu'on trouve des transitions fréquentes entre les ças où elles sont visibles et ceux où elles manquent.« Ich kenne keine Uebergangsformen zwischen den langen Cynareen-Borsten und den kurzen Processen der meisten anderen Compositen, aber dieses Citat deutet darauf, dass solche vorkommen. Ueber die Function der kleinen ist mir nichts bekannt.

2. Bildung der Blüthe.

Durch Zelltheilungen in der 2. und 3. Periblem-Schicht werden die Blüthen angelegt; in der 1. sowohl wie in der Epidermis fand ich überall in dem ersten Entwickelungs-Stadium der Blüthe (mit wenigen Ausnahmen, was jene betrifft) nur radiale Theilungswände. Ich habe folgende Gattungen untersucht: *Senecio* (**5**, 1), *Tussilago, Anacyclus, Bellis, Bidens, Sonchus, Tragopogon, Cirsium* und früher (»Ramification etc.«, tab. 1 und 2) *Jnula, Anthemis* und *Doronicum.*

Hanstein war der erste, der die Histiologie einer jungen Compositen-Blüthe untersuchte[2]). Seine Abbildungen von *Jnula*-Blüthen stimmen völlig mit den meinigen. Hänlein's Abbildung (l. c. Fig. 5) ist nicht glücklich gewählt, insofern als sie nicht die typische Entwickelung darstellt.

Es sind vorzugsweise Tangential-Theilungen, die in jenen Zellen der 2. und 3. Schicht Statt finden, und daher kommt die ganze halbkugelige Blüthe aus zwei Zellschichten und einem unterliegenden, aus mehr oder weniger regelmässig senkrechten Zellreihen gebildeten, Gewebe zu bestehen (**5**, 1, 2; **8**, 1, 33; **1**, 1—3).

---

1) Observations sur la structure et la classification de la famille des Composées. Paris 1838.

2) Die Scheitelzellgruppe im Vegetations-Punkt der Phanerogamen. Bonn 1868.

Die nächsten bedeutenden Veränderungen der jungen Blüthe bestehen im Auftreten von tangentialen Wänden in der 1. Periblem-Schicht in einer ringförmigen hoch oben liegenden Partie; auch in den tiefer liegenden Zellen treten dort Wände auf, die in Relation zu den früheren des inneren Gewebes mehr schief, in Verhältniss zu dem zu bildenden Organe aber horizontal-quer gestellt sind. Dadurch wird die junge Blüthe schwach becherförmig. Bisweilen geht die 1. Periblem-Schicht voran, bisweilen ist sie noch einschichtig, wenn die unterliegenden Zellen den neuen Theilungs-Modus angefangen haben: z. B. bei *Bellis* u. a. (I, 1—3; 8, 33).

Den Bau von den Seiten des Bechers sieht man aus den bezeichneten Figuren, und Fig. 8, 1. Unter der Epidermis bestehen sie auf jedem Längsschnitte aus einer kleinen Anzahl von relativ senkrechten Zellreihen, die bald völlig parallel und gleich stark sind, gewöhnlich aber ungleich lang und kräftig sind, so dass ein Uebergreifen der einen über die anderen Statt hat. — Bald wird die Grenze zwischen den aus der 1. Periblem-Schicht abstammenden Zellen und denjenigen, welche ihren Ursprung tiefer genommen haben, verwischt.

Der nächste Schritt ist die Bildung der verschiedenen Blüthentheile. Ehe ich zu diesen übergehe, ein Paar Bemerkungen über Zahl und Stellung derselben. Das Diagram der gewöhnlichen 5-zähligen Blüthe ist allbekannt[1]) (über den Pappus später). Vierzählige Blüthen habe ich gesehen bei *Matricaria discoidea*, wo sie Regel sind, und bei *Coreopsis tinctoria;* bei beiden lagen die Kronblätter quer-median, die Staubblätter in diagonalem Kreuz, und die Fruchtblätter wie gewöhnlich median (7, 37). Dieses würde wohl also auf eine Genese durch Unterdrückung des hinteren Staubblattes und Verschmelzung der hinteren zwei Kronblätter deuten. Dieselbe Stellung vierzähliger Blüthen findet sich nach Eichler (l. c.) bei Dipsaceen, *Weigelia* u. a. An den von Buchenau beobachteten vierzähligen Blüthen von *Bidens cernua* standen dagegen die Staubblätter quer-median[2]). Wie es sich

1) Vergl. Eichler: Blüthendiagramme. 1. Theil. Leipzig 1875. Im folgenden als »Diagr.« citirt.

2) Ueber die Blüthenentwickelung einiger Dipsaceen, Valerianeen und Compositen; in Abhandl. d. Senckenbergischen Gesellschaft, I, pg. 106. Im folgenden als »Senckenb.« citirt.

mit den sterilen Randblüthen von *Xeranthemum annuum* verhält, muss ich unentschieden lassen; Hildebrand[1]) sagt: sie haben einen vierzähnigen Kronensaum, zwei Zähne nach der Peripherie, zwei nach dem Centrum gerichtet; die Zwitterblüthen haben dagegen eine regelmässig fünfzähnige Krone.

Sechszählige Blüthen fand ich bei *Cineraria* und *Leontodon hispidus*, die Stellungsverhältnisse kenne ich aber nicht[2]). — Bei *Zinnia verticillata* fand ich allgemein 3 gewöhnlich ungleich lange Griffeläste in den weiblichen Randblüthen und bei einigen Zwitterblüthen; ihre Stellung scheint nicht constant zu sein. In einer Blüthe lag einer median nach vorn, zwei nach hinten, in einer anderen umgekehrt einer median nach hinten; in anderen zwei zu der einen, einer zu der anderen Seite, oder mehr oder weniger schief; in einer Blüthe fand ich nur zwei, die seitlich lagen. Doch habe ich nicht ganz junge Knospen untersucht, und möglicherweise finden Drehungen der Griffeläste in den älteren Statt, so wie Drehungen der Griffeläste überhaupt nicht selten sind, durch welche sie lateral oder diagonal-schief zu stehen kommen. Eine Blüthe hatte 4 Griffeläste. Bei Hooker und Bentham (Genera) heisst es: »Stylus hinc inde 3-fidus occurrit in variis generibus, raro tamen, nec unquam in omnibus floribus unius speciminis observavimus«. Vergleich ferner Cassini (Opuscules I, 19) und Hildebrand (l. c.), wo andere Fälle dreitheiliger Griffel erwähnt werden.

Entstehungsfolge der Blüthentheile. Die becherförmige Vertiefung ist bei einigen Arten sehr schwach (z. B. *Helminthia*, *Cirsium*), bei anderen grösser, wenn 5 schwache Ausbuchtungen an ihrem Rande die 5 Kronblätter andeuten. Nach diesen folgen die Staubblätter und Fruchtblätter in regelmässig akropetaler Folge, indem der Kelch zu verschiedener Zeit eingeschoben wird, worüber unten Näheres.

Bildung der Krone. Der zuerst gebildete Becher muss ich mit Buchenau, Sachs, Payer u. a. als eine kraterförmig ver-

1) Geschlechtsverhältnisse bei den Compositen. Nova Acta Leopold. Car. XXXV.

2) Ueber verwachsene Blüthen vergl. Cramer's »Bildungsabweichungen bei einigen wichtigeren Pflanzenfamilien und die morphologische Bedeutung des Pflanzeneies«. Zürich 1864.

tiefte Axe betrachten, weil, wie sich beweisen lässt, die Axe überhaupt in der Compositen-Blüthe kraterförmig wird, und weil später die Staubblätter und Fruchtblätter aus ihr ihren Ursprung nehmen. Am Rande dieses Bechers entstehen auch die Kronblätter. Ueber die Entstehung der Krone muss man, wie mir scheint, ganz einfach nach der Analogie mit anderen Gamopetalen urtheilen. Wie die Kronblätter einer gamopetalen Pflanze überall isolirt und frei angelegt werden, so auch hier; sobald die fünf Ausbuchtungen an dem Becherrande entstanden sind, ist die Krone angelegt, und auch erst dann, und der Becher ist als Axen-Organ bis an den Grund derselben aufzufassen. Es liesse sich zwar denken, dass die Krone als »Cyclom« (Hanstein) angelegt wurde, ähnlich wie das Ovarium der Primulaceen[1]), der Malvaceen[2]), der Oenotheren[3]), der Violaceen[4]) und auch der Kelch bei einigen Compositen und Stellaten, und dass jene fünf Hervorragungen auf einem cylindrischen Blatt-Organ gebildet werden, aber solche Cyclome sind so selten und namentlich nicht mit Sicherheit bei den Kronen[5]) beobachtet, dass wir wohl von ihnen absehen können. Wie aber bei den übrigen Gamopetalen ein Vereintwachsen der Kronblätter sehr schnell eintritt, so auch hier, und es erhebt sich die Krone becherförmig an der becherförmigen Axe. Wie nun ferner die Staubblätter bei den übrigen Gamopetalen frei auf dem Blüthenboden angelegt werden, so auch hier, und ihre spätere Vereinigung mit den Kronblättern ist, wie dort, eben nur eine Folge davon, dass die blattbildende Thätigkeit auch in radialer Richtung um sich greift, und Krone und Staubblätter deswegen vereint und interkalar weiter wachsen. Die Staubblätter können also recht wohl an der Axe entstanden sein, und dennoch braucht der untere Theil der Kronröhre nicht ein Axen-Gebilde zu sein. Die hohl gewordene Axe verhält sich also wie die flache oder gewölbte; was wir bei den Compositen beobachten, müssen wir mit den

1) Payer, Organogénie, 612; tab. 153, 22.

2) Frank, in Pringsheims Jahrb. X, Tab. XV, Fig. 26.

3) Barcianu, Blüthenentwickelung bei den Onagraceen. Schenk und Lüerssens Mittheilungen. 1874.

4) Payer, Organogénie und Huisgen, über Entwickelungsgeschichte der Placenten. 1873.

5) Vergl. Hänlein über *Broteroa;* ferner können *Xanthium* und *Ambrosia* erinnert werden.

übrigen Gamopetalen als Massstab deuten. Die histologische Entwickelung lässt uns hier ganz im Stiche, und die Hoffnung Buchenau's »durch das Studium der Zellenentwickelung«[1]) zur Entscheidung der Frage zu kommen, ob der Becher aus verwachsenen Blättern bestehe (nach Köhne) oder nicht, dürfte eine eitle sein. Denselben Bau, der im Axen-Becher beobachtet wurde vor der Entstehung der Kronblätter, finden wir nämlich wieder in dem aus Axe und Krone gebildeten Becher; legt man den Längsschnitt mitten durch die Kronblätter oder mitten zwischen ihnen, sogleich nach Entstehung der fünf Ausbuchtungen oder weit später, wenn schon Staub- und Fruchtblätter angelegt sind, überall findet man den inneren Bau ganz gleich; und zwar ist er der, dass man an jedem Längsschnitte unter der Epidermis eine Anzahl Zellreihen beobachtet, unten gewöhnlich 2—3—4, weiter nach oben nur zwei oder nur eine einzige, indem die anderen zur Seite gedrängt werden und weniger stark wachsen, wobei die der Innenfläche der Krone am nächsten liegende gewöhnlich die siegreiche zu sein scheint. Durch dieses Zur-Seite-Drängen kommt es denn vor, dass die siegreiche Reihe mehr oder weniger über die andere hinübergreift, und es kann den täuschenden Anschein erhalten, als ob eine innere zweischneidige Scheitelzelle existire und durch ihre Theilungen das innere Gewebe aufbaue. Dieses geht aus meinen Figuren deutlich hervor. Taf. 1 zeigt uns verschiedene Längsschnitte durch junge Blüthen von *Cirsium arvense.* In Fig. 1 ist eben die Axe hohl geworden; in Fig. 2 und 3 wird die Krone schon entstanden sein, in Fig. 5—7 ist sie schon gross. In Fig. 6 laufen zwei Zellreihen neben einander ganz zur Spitze des Blattes; in Fig. 5 liegen drei Zellreihen neben einander, die äussere ist die kleinste, die mittlere greift über sie ein wenig hin; die innere und grösste greift wieder über die mittlere hin und ihre oberste Zelle hat fast das Aussehen von einer Scheitelzelle. Wie sich diese Zelle wahrscheinlich theilen wird geht aus Fig. 7 hervor, in welcher es ebenso eine nach rechts liegende dominirende Zellreihe giebt.

Andere Beispiele des Becher- und Kronenbau finden sich:

Taf. 2, 9 aus *Cirsium palustre.* Drei Zellreihen, die innere wenig stärker als die mittlere.

---

1) Buchenau, über Blüthenentwickelung bei den Compositen; Botanische Zeitung, 1872; wird ferner citirt unter »Bot. Ztg.«

3, 5: aus *Tragopogon eriospermus;* 2 Zellreihen, die innere wenig stärker als die andere; jene spaltet sich bald, diese erst um den Kelch, *c*, zu bilden.

3, 36: *Sogalgina triloba.* Die äussere Zellreihe greift so viel über die innere hin, dass ihre obere Zelle als Pseudo-Scheitelzelle auftritt.

4, 21: *Lappa tomentosa.* Die innere Zellreihe greift über die äussere hin, aber nicht so viel wie im vorhergehenden Beispiel.

5, 2—6: *Senecio vulgaris.* Fig. 2: Die Staubblätter werden sehr hoch am Rande des Bechers angelegt, die Krone kann daher nur noch äusserst niedrig sein; der Schnitt geht doch nicht genau durch die Mitte eines Kronblattes. Fig. 3: Zwei fast gleich starke Zellreihen in der Krone. Fig. 4 und 5: erlauben verschiedene Deutungen. Fig. 6: Von den zwei Zellreihen greift die innere bald über die andere hin und setzt sich allein fort.

8, 1—3: *Antennaria.* Fig. 1: Zwei Zellreihen an jeder Seite, die nach abwärts sich spalten. An der rechten Seite sind sie gleich stark, an der linken greift, wie es scheint, die äussere über die innere hin; Fig. 2 zeigt zwei gleich starke; Fig. 3 eine mittlere dominirende, in welcher verschiedene Theilungen Statt gefunden haben.

Es kommen also Fälle vor, wo es an dem Längsschnitte den Anschein hat, als ob eine innere Scheitelzell-Reihe vorhanden wäre; durch Vergleich einer Menge von Präparaten geht aber deutlich hervor, dass es Pseudo-Scheitelzellen sind, deren terminale Stellung durch Uebergreifen über und Verdrängung einer Zellreihe durch eine andere zu Stande gebracht ist. An demselben Präparate erhält man durch Wechsel der Einstellung verschiedene Bilder (bald völlig gleich starke Zellreihen, bald eine stark geförderte u. s. w.), und kommt man zu dem Resultate, dass auch in tangentialer Richtung selbstständige Zellreihen neben einander liegen. Dieses wird durch tangentiale Längsschnitte bestätigt. Betrachtet man Becherränder oder Kronen in tangential optischen Längsschnitten, so findet man eine Anzahl mehr oder weniger regelmässiger Zellreihen, die senkrecht zum Rande verlaufen, und Querschnitte zeigen auch, dass die Zellreihen nicht in genetischem Verhältniss zu einander stehen können; weder in tangentialer oder radialer Richtung ordnen die Zellen sich regelmässig (**1**, 8). Zu bemerken ist noch, dass das Gewebe bisweilen so unregelmässig sein kann, dass es auf einem radialen Längsschnitte nicht gelingt die Zellen zu bestimmten Reihen hin zu führen, so wie es auch vorkommt, dass eine Zelle am Rande so liegen kann, dass sie eben so wohl der einen als der anderen Reihe zugetheilt werden kann. Ein Beispiel hierfür findet sich bei Hänlein, Fig. 15; seine Figuren (9—12, 15, 19) stimmen mit meinen übereins.

Die Epidermis ist ebenso aus Längsreihen von Zellen gebildet, welche über den Becher-Kronrand hinlaufen, ohne dort eigens ausgebildete Randzellen zu haben; es findet sich nicht einmal constant eine Reihe Zellen gerade im äussersten Rande.

Die Krone besteht häufig später in seinem mittleren Theile zwischen den Fibrovasal-Strängen aus nur 2 Zellschichten. Ich habe es früher erwähnt und abgebildet (»Ramification« p. 37, tab. 2, 14 und 15); beobachtet habe ich es bei z. B. *Chrysanthemum Leucanthemum*, *Tanacetum*, *Linosytis*, *Mulgedium*, *Sogalgina*, *Bellis* (**5**, 34), *Senecio vulgaris*, *Gnaphalium uliginosum* (**8**, 30). Ich habe meine Aufmerksamkeit nicht besonders auf die Entstehungsweise dieser zwei Schichten gerichtet; in einigen Fällen (z. B. *Senecio*) schien es, dass ein starkes Wachsthum der Epidermis intercalar in der Mitte der Kronröhre Statt findet, durch welches das Mesophyll in einen oberen und einen unteren Theil zerrissen wird (also auf eine ähnliche Weise wie die oben erwähnten hohlen Spreuborsten entstehen); in anderen (z. B. *Gnaphalium*), dass nur die apicalen Epidermis-Zellen, wie bei vielen Pappus-Haaren, das Wachsthum durch tangentiale und andere Theilungen fortsetzten, und dass durch spätere Theilungen ihrer Abkömmlinge die Krone an der Spitze mehrschichtig wurde, ganz wie es bei vielen Ovular-Integumenten geht. Chatin hat angegeben[1]), dass *Chrysanthemum sinense*, *Cosmos bipinnatus* u. a. nur eine einzige Schicht von Zellen in den Kronblättern haben; ich habe solches nirgends gefunden.

Androeceum. Hänlein ist der erste, der die histiologische Entwickelung der Staubblätter bespricht (l. c. 16). Er giebt aber über ihr erstes Auftreten nur an, dass es »dadurch bemerklich wird, dass sich gewöhnlich eine Periblem-Zelle stark vergrössert«. Bei Bildung der Staubblätter wird bei einigen Arten die 1. subepidermale Schicht zuerst in Arbeit versetzt und die 2. gesellt sich ihr dann bisweilen

1) Bulletin de la société botanique de France, VIII, 22.

später zu: *Senecio vulgaris*, **5**, 2, 3, 6; *Sonchus*; *Bellis*; *Cirsium palustre*, **2**, 9 u. a; bei anderen macht die zweite subepidermale Schicht den Anfang und die erste mit der Epidermis wird einstweilen ungetheilt emporgetrieben (z. B. *Tragopogon:* **3**, 5; *Sogalgina:* **3**, 36; *Lappa:* **4**, 21); oder alle beide Schichten fangen gleichzeitig an, was ich z. B. bei *Centaurea Scabiosa* gefunden habe. Selbst wenn es bisweilen gelingen kann, eine voranschreitende Zelle in der einen oder der anderen Schicht zu finden, gesellen sich ihr doch immer sehr schnell andere bei, und es ist immer eine Gruppe von Zellen, deren Abstammung aus einer einzigen man schwierig wird beweisen können, der das Staubblatt seine Entstehung zu verdanken hat. In der ersten Jugend finden vorzugsweise tangentiale Theilungen Statt, durch welche eine Anzahl senkrechter Zellreihen aufgebauet wird (**1**, 6; **5**, 3, 6), und der Wachsthums-Modus ist also im Wesentlichen wie in der Krone und der becherförmigen Axe. Eine subepidermale Schicht ist also bisweilen ursprünglich vorhanden, oder kann, wenn die Staubblattbildung in der ersten subepidermalen Schicht der Axe Statt hatte, doch durch spätere Differenzirung einigermassen regelmässig ausgebildet werden (vergl. **5**, 6). Diese Schicht ist, wie ich früher zeigte[1]), Mutterschicht der Antheren-Fächer mit ihrem Pollen und umgebenden spiralig verdickten Zellen. Ich habe nicht von Neuem meine Aufmerksamkeit dieser Seite der Entwickelung speciell zugewendet; an den zahlreichen Schnitten, die für andere Zwecke angefertigt wurden, kamen mir aber oft Bilder von Staubblättern vor Augen; ich habe nur Bestätigung des früher Gesehenen gefunden, oder, wo die Schnitte weniger überzeugend waren, wenigstens keine Widersprüche. Auch bei *Knautia arvensis*, bei welcher das Staubblatt ganz wie bei den Compositen durch Theilnahme der zwei obersten subepidermalen Schichten angelegt wird, sah ich Längsschnitte, die den als allgemein aufgestellten Entwickelungsgang als auch für die Familie der Dipsaceen geltend angeben. Durch andere Untersuchungen[2]) bin ich dazu geführt worden, die vier sogenannten »Loculamente« einer Anthere als vier Neubildungen des Blattes zu betrachten, die wir den Pollen-Säcken an den Staubblättern von *Cycas*

1) Ueber Pollen bildende Phyllome und Kaulome. Hanstein's botan. Abhandlungen Bd. 2, 1873.

2) Bemerkungen über das Eichen. Botan. Ztg. 1874.

und den Mikro-Sporangien der höheren Kryptogamen homolog betrachten müssen, so wie der Nucleus ovuli einem Makrosporangium entspricht, worüber bald näheres anderswo.

Wenn Hänlein darüber in Zweifel ist, ob die bei vielen weiblichen Blüthen beobachteten rudimentären Staubblätter wirklich Rudimente oder eher Anfänge einer Weiterentwickelung sind, so scheint es mir darüber nur die eine Meinung geben zu können: dass sie Rudimente sind; die zungenförmigen weiblichen Blüthen sind doch gewiss Abstammungsformen von regelmässigen Blüthen, wie wir sie bei den Tubifloren finden, und bei den verwandten Dipsaceen, Loniceren, Rubiaceen, Campanulaceen u. s. w. und diese müssen wir als typisch zwitterig betrachten. Die Tubifloren stehen offenbar den ursprünglichen Formen am nächsten, die Liguliforen und Radiaten entfernen sich von ihnen am meisten [1]).

Gynoeceum. »Die Anlage des Griffels«, bemerkt Hänlein, »geht, wie bei den vorhergehenden Organen vom Periblem aus«. Aus seinen Zeichnungen geht hervor, dass es vorzugsweise die erste subepidermale Schicht ist, die in Arbeit versetzt wird. Dieses ist richtig; die Entwickelung geschieht nach demselben Principe, wie die der vorhergehenden Theile: Bildung einer Anzahl senkrechter Zellreihen durch Tangential-Theilung einer Gruppe von Zellen, doch ist die Regelmässigkeit gewöhnlich nicht so gross (**5**, 6, 7; **8**, 30).

Hänlein betrachtet als unrichtig die von Köhne (l. c. 8, 20—21) angegebene Thatsache, dass das vordere Fruchtblatt früher entsteht als das hintere, und schreibt, mit Buchenau, die beobachtete ungleiche Griffellänge dem Umstande zu, dass der Schnitt nicht völlig median geführt sein soll, — aber gewiss mit Unrecht. Die Griffel sind wirklich oft ungleich lang, und dieses steht jedenfalls bisweilen mit ungleichzeitiger Anlegung in Verbindung. Dabei scheint bald das vordere, bald das hintere Fruchtblatt das geförderte zu sein. Das vordere ist das geförderte bei *Senecio vulgaris* (**5**, 10), *Pyrethrum* (**7**, 12, 13), *Grangea, Dahlia, Tussilago* (**8**, 17), *Gnaphalium* (**8**, 30). Bei anderen fand ich dagegen das hintere länger als das vordere z. B. *Antennaria* (doch nicht immer und ziemlich gering war der Unterschied auch), *Solidago, Siegesbeckia.* Hänlein fand den hinteren Griffel länger

1) Vergl. Hildebrand: Ueber die Geschlechtsverhältnisse.

als den vorderen bei den weiblichen Blüthen von *Bellis* und *Broteroa*, behauptet aber gleichzeitige Entstehung. Es ist möglich, dass dieses hier der Fall sein kann, in anderen findet aber ungleichzeitige Anlegung Statt. In älteren Blüthen kommen auch oft ungleiche Längen vor; so habe ich bei *Helminthia* Blüthen gefunden, wo der vordere Griffel länger als der hintere war, andere wo das Umgekehrte Statt hatte, andere wo sie gleich lang waren; wie die Anlegung folgte, weiss ich aber nicht.

Das Eichen werde ich binnen Kurzem anderswo besprechen.

Nectarium. Wie Hänlein schon bemerkt hat, ist es eine Emergenz. Es entsteht durch Tangential-Theilungen von einer Menge Zellen fast ausschliesslich der ersten subepidermalen Schicht. Ich fand seinen Bau aber weit regelmässiger, als Hänlein an mehreren Figuren abgebildet hat; denn an keinem anderen Organe der Blüthe finden die Tangential-Theilungen so stark und regelmässig Statt wie hier, daher auch an keinem anderen die relativ senkrechten oder radialen Zellreihen so schön sind wie hier (**2**, 4 aus *Cirsium arvense*); radiale Theilungen treten wohl auch auf, aber sparsam, und ob wohl unregelmässige Partieen wie die von Hänlein abgebildeten vorkommen, so sind sie doch selten. Ich habe den Bau beobachtet bei *Cirsium arvense, Tragopogon, Lactuca, Tagetes patula, Sonchus, Tanacetum, Carduus, Taraxacum* u. a.

Dass das Nectarium 5-eckig oder 5-lappig werden kann, ist bekannt; es rührt das wohl von dem Drucke der umgebenden Blüthentheile her. Spaltöffnungen kommen häufig vor, z. B. bei *Cirsium arvense, Sonchus, Galinsoga, Hieracium* u. a., und sind ja von anderen beobachtet worden (besonders Jürgens). Gewöhnlich haben sie sehr gewölbte Schliesszellen und die Spalte radial-senkrecht, nicht transversal (vergl. Hänlein). Wo das Nectarium ausgeprägt pentagonal war, fand ich oft eine ältere Spaltöffnung gerade an jeder Ecken desselben, z. B. bei *Sonchus, Leontodon* (**9**, 18), *Hypochœris*. Auf dem Rande des sehr hohen becherförmigen und gelappten Nectarium von *Centaurea Jacea* liegen ebenfalls Spaltöffnungen. Buchenau betrachtete das Nectarium als »eine starke Ausbildung des zwischen Staubgefässen und Pistillen liegenden Axengliedes« (Senckenb. p. 118, Bot. Ztg. 1872); Köhne und Hänlein haben aber mehr Recht, wenn sie die Griffel-Basis als Bildungsstätte desselben angeben; denn da findet seine Bildung wohl immer Statt, und ausgezeichnet deutlich fand ich seine Lage dort bei *Lactuca* und *Tragopogon;* aber es kommt auch vor, obgleich gewiss selten, dass das Nectarium nicht nur an der Griffel-Basis entsteht, sondern zugleich seinen Ursprung nimmt von Zellen, die zu dem zwischen Griffel und Staubblätter liegenden Gewebe gerechnet werden müssen, z. B. bei *Palafoxia, Cirsium arvense* (2, 4)[1]).

Der Kelch.

Die meisten von denen, die sich mit der Entwickelungsgeschichte der Compositen-Blüthe beschäftigten, haben angegeben, dass eine wulstförmige Erhebung unter der Krone sich bilde, oder das eine mehr oder weniger deutliche »Einschnürung« dort entstände und auf diesem Wulste oder auf dem unteren Rande dieser Einschnürung bilde sich dann der Pappus. Dieser Wulst findet sich in der That auch bei fast allen. Dass er wirklich eine selbstständige Neubildung sei, konnte wohl erst bewiesen werden, als die histiologische Entwickelung verfolgt wurde, und daher kommt es, dass wir bei früheren Autoren unbestimmte Ausdrücke wie »Einschnürung« finden, ohne dass angegeben wird, wie diese Einschnürung eigentlich zu Stande kommt. Es ist nun aber in der That eine wirkliche Neubildung am unteren Rande der Einschnürung vorhanden, die, wie ich wohl zuerst gezeigt habe, durch Zelltheilungen unter der Epidermis zu Stande gebracht wird. Bei einigen Gattungen kommt der Wulst erst zu Stande, nachdem einige Pappus-Körper angelegt worden sind, und verbindet dann ihren Grund. Der Kelch besteht also aus zwei Theilen: aus diesem Wulste und aus dem Pappus. Ueber das gegenseitige Verhältniss dieser beiden Theile werde ich unten sprechen; hier zuerst einige Bemerkungen über den Kelch in Relation zu den übrigen Blüthentheilen.

Die horizontale Zone, in welcher der Kelch zum Vorschein kommt, liegt bei den verschiedenen Gattungen in sehr verschiedener Höhe.

Wo der Kelch sehr früh, also gleichzeitig mit (oder gar vor) der Krone, oder gleich nach der Krone angelegt wird, liegt die Zone, in

---

1) Weiteres über das Nectarium vergl. Hildebrand, Geschlechtsverhältnisse; Cassini, Opuscules besonders II, 208; Caspary, de Nectariis.

welcher er zum Vorschein kommt, unter der organischen Axen-Spitze, z. B. bei *Tragopogon* (**3**, 1, 2), *Cirsium* (**1**, 1—3; **2**, 5, 6), *Carduus* (**2**, 19), *Helminthia* und am tiefsten bei der verwandten *Acicarpha* (**8**, 34), wo er auch am deutlichsten vor der Krone entsteht. Auch *Succisa pratensis* gehört hierher, sowie nach Payer's Abbildungen[1]) zu schliessen: *Dipsacus laciniatus*, *Fedia cornucopiae* u. a.

Wo der Kelch dagegen wenig vor oder etwa gleichzeitig mit oder etwas nach den Staubblättern angelegt wird, da liegt der Ort seiner Entstehung ungefähr in der Höhe der organischen Axen-Spitze, oder nur ein wenig niedriger, selten ein wenig höher, z. B. bei *Antennaria* (**8**, 4), *Tussilago*, *Solidago*, *Lactuca*, *Lappa* (**4**, 1—3), *Leontodon*, *Ligularia*, *Taraxacum*, *Catananche*, *Centaurea*, *Sonchus*, *Hieracium*, *Cineraria* u. a., — bei weitem der häufigste Fall. *Knautia arvensis* wird auch am nächsten hieher zu rechnen sein.

Wo er etwa gleichzeitig mit den Fruchtblättern angelegt wird, da liegt der Entstehungsort gewöhnlich noch höher, also an den Seiten der becherförmigen Axe selbst, und höher als die organische Axen-Spitze, z. B. bei *Senecio*, *Grangea*, *Hypochaeris* u. a.

Wird der Kelch endlich noch später angelegt, ungefähr gleichzeitig mit dem Ovulum, dann liegt auch der Ort der Entstehung gewöhnlich noch höher, z. B. bei *Anthemis* (Warming: Ramification etc. tab. **2**, 5), *Lampsana*, *Matricaria*, *Pyrethrum* (**7**, 12, 13), *Heliopsis*, *Calendula*, *Anacyclus*, *Tanacetum*, *Bellis* (**5**, 32) u. a. wie *Lagascea mollis* nach Buchenau.

Zu bemerken ist hierbei erstens, dass eine bestimmte Relation zwischen der Stärke des Kelchs und der Zeit und dem Ort seiner Entstehung besteht. Es springt so in die Augen, dass die erst genannten Gattungen im Allgemeinen einen starken Kelch haben mit zahlreichen und mächtig entwickelten Pappus-Körpern, und da wo der Kelch am bestimmtesten vor der Krone und am tiefsten unter der Axen-Spitze entsteht, besteht er auch aus 5 stark entwickelten ungetheilten Blättern (*Acicarpha*); dass die folgenden im Allgemeinen genommen einen schwächer entwickelten Kelch haben, und dass die zuletzt genannten einen sehr schwachen Kelch haben, der gar bei eini-

---

1) Organogénie comparée de la fleur. Paris 1857, tab. 131, 132.

gen auf eine äusserst niedrige ringförmige Erhebung beschränkt ist, welcher gar keine Pappus-Körper trägt. Es geht hieraus hervor, dass das verspätete Hervortreten des Kelchs in geradem Verhältniss zu dem Grade seiner Ausbildung steht; je mehr der Kelch sich von dem phylogenetisch ursprünglichen Verhältniss entfernt und unterdrückt wird, desto später und auf desto grösserer Höhe über dem Boden der kraterförmig vertieften Axe entsteht er.

Es ergiebt sich aber zweitens, dass der Kelch eigentlich immer ungefähr an derselben organischen Höhe der Axe angelegt wird; die fortgesetzte becherförmige Ausbildung der Axe ruft den Schein hervor, dass er an verschiedener Höhe angelegt wird. Bei den erstgenannten Gattungen entsteht der Kelch also oft recht tief unter dem Kraterboden (z. B. *Cirsium*, I, 2, 3; **2**, 5); nach und nach wird er aber über demselben gehoben und steht schliesslich ebenso hoch über ihm und über dem Eichen, als bei irgend einer anderen Gattung. Von *Lappa* findet sich **4**, 1—6 eine vollständigere Reihe von Entwickelungsstufen, die dasselbe zeigen. In einem Entwickelungs-Stadium wie Fig. 4, wo die Carpelle angelegt worden sind, aber noch nicht das Eichen, liegt der Kelch also schon ziemlich hoch über der Axen-Spitze, und in diesem Stadium entspricht die Erhebung des Kelches ungefähr der von anderen Gattungen, die im Ganzen genommen auf derselben Entwickelungsstufe sind, wo der Kelch aber mehr retardirt ist, z. B. *Bellis* (**5**, 32), und jetzt eben angelegt wird; die Insertions-Zone der Kelche ist also etwa dieselbe, ob er früh oder spät angelegt wird, nicht aber die absolute Höhe dieser Zone über der Axen-Spitze. Dieses gilt aber natürlich nur in den gröberen Zügen; von vollständiger Uebereinstimmung ist nicht die Rede, und man wird z. B. bei *Pyrethrum* (**7**, 12, 13) finden, dass die Erhebung des Kelchs geringer ist, als bei den vorigen, obgleich die Entwickelung der Blüthe im Allgemeinen weiter vorgerückt ist, indem das Eichen schon in Entstehung begriffen ist.

Endlich geht aus dieser Zusammenstellung der Entwickelungs-Stadien ein Beweis dafür hervor, dass die Seiten des Ovarium wenigstens zum grossen Theile aus der Axe gebildet sind, dass die Axe sich wirklich becherförmig aushöhlt. Darüber kann doch kein Zweifel herrschen, dass der Kelch bei *Cirsium*, *Tragopogon*, *Lappa* u. s. w. wirklich an der Axe angelegt wird; wenn er dann später an ein becherförmiges Organ zu stehen kommt, muss dieses selbstfolglich immer noch Axen-Natur haben. Schon Cramer[1]) scheint hierauf aufmerksam gewesen zu sein, indem er sagt (pg. 132): »Aus den Figuren 4, 5, 9a und 12 scheint im Uebrigen noch hervorzugehen, dass der unterständige Fruchtknoten der Compositen seine Entstehung einer ringförmigen Erhebung der Blüthenaxe zu verdanken hat«; die ersten interessanten Stadien, wo der Kelch noch unterhalb der Axen-Spitze liegt, hat er aber nicht abgebildet, vielleicht nicht gesehen, und erst durch sie wird der Beweis geliefert, dass wir in der That mit einer Axen-Aushöhlung zu thun haben. Was aber für einige Arten Geltung hat, dürfte auch für die anderen gelten. Wenn Köhne meint: »Ueber die Natur der Fruchtknotenwand lässt sich weder auf Grund des normalen Entwickelungsganges, noch auf Grund der Missbildungen der Compositen-Blüthe ein ganz bestimmtes Urtheil fällen«, dürfte dies also nicht richtig sein.

Ich komme hiermit auf die Natur des ganzen becherförmigen Organs zurück. Steht es fest, dass die Axe sich überhaupt becherförmig aushöhlt, ist es das Natürlichste, weiter zu schliessen, dass der zuerst gebildete becherförmige Körper nur eine hohle Axe ist bis zu der Zeit, in welcher die ersten Spuren von Ausbuchtungen an seinem Rande sichtbar werden. Celakovsky hat von Neuem die alte Frage über die Natur der Fruchtknotenwand auf seine gewöhnliche klare und durchdringende Weise behandelt[2]). In dem meisten kann ich völlig mit ihm übereinstimmen; in einigen kleineren Punkten aber nicht; so verstehe ich nicht, wie er mit Köhne glauben kann, dass »der Ringwall, der bei der Bildung der Compositen-Blüthe (so wie auch bei Valerianeen und Dipsaceen) zuerst entsteht, für den Primordial-Ring der Corolle, welcher auch die Anlage der Staubgefässe in sich enthalten könnte«, zu halten ist. Es heisst wohl: »Dafür spricht die viel tiefere Insertion des später auftretenden Kelch-Rudiments und selbst die Stellung der Staubblattanlagen, besonders bei Valerianeen (*Centranthus* nach Payer), so wie ferner der Umstand, dass sonst immer wenigstens der Kelch, oft auch die Corolle früher angelegt werden, be-

1) Bildungsabweichungen bei einigen wichtigeren Pflanzenfamilien. 1864. Später als »Bildungsabw.« citirt.

2) Ueber die Cupula und den Cupularfruchtknoten. Oesterreich. botan. Zeitschrift, Jahrg. 1874, Nr. 12.

vor die Aushöhlung der Cupula unter ihnen anfängt.« Ich verstehe die Bedeutung dieser Thatsachen für die Entscheidung der betreffenden Frage nicht; die Axen-Ausbreitung muss mit höher liegenden Stempelgliedern beginnen können, denen die des Kelchs nachfolgen; dadurch wird dieses relativ tiefer inserirt; dass die Staubblattanlage bei *Centranthus* ganz oben am Rande des Bechers angelegt wird, beweist eher, dass dieses bis ganz hinauf eine Axen-Bildung ist, als dass es aus zwei verschmolzenen Blattwirteln besteht; und die Verspätung des Kelchs hängt, wie wir sahen, mit ihrer schwachen Ausbildung zusammen, was wohl wieder von dem eigenthümlichen Blüthenstande bedingt ist. Uebrigens ist die Axen-Spitze schon vertieft, wenn bei z. B. den Onagraceen die ersten Blüthentheile erscheinen und das dürfte sich wohl auch an vielen anderen Stellen finden lassen[1]). Wenn Celakovsky erst überhaupt primitives Vereintwachsen von Krone und Androeceum annehmen wird, verstehe ich auch nicht, warum es das Gynoeceum nicht in denselben Becher einschliessen will: »Dass aber die Carpellar-Anlagen der Compositen in dem Primordial-Ringe der Corolle bereits enthalten wären, ist wohl nicht zuzugestehen«; auch hier scheinen mir seine Gründe nicht überzeugend: »Die Breite des Ringes wird nämlich durch die Blumenblattzipfel und vollends die Staubblattanlagen gänzlich absorbirt, so dass für die Carpelle nur durch basales intercalares Wachsthum des Ringes unterhalb der Staubblattanlagen Platz wird«. »Die Zone der Carpelle ist also erst nachträglich entstanden, und diese können nicht gleich in dem sich erhebenden Primordial-Ringe enthalten gewesen sein, sondern sind als neue Sprossungen aus der Basis des Ringes zu betrachten«. »Diese Zone ist sicher axil.« — Die innere Becherseite wird zwar durch Krone und Androeceum absorbirt, aber nur in tangentialer Richtung, wenn man sie in einen Wirtel zusammengeschmolzen denkt; in radialer Richtung dürfte Platz genug vorhanden sein für die Paar Zellen, welche als Urmutterzellen der Carpelle nöthig wären; gesteht man ein primitives Vereintwachsen nicht nur von Organen, die in tangentialer Richtung neben einander gestellt sind, sondern auch von solchen, die in radialer Richtung zwei verschie-

1) Barcianu, Blüthenentwickelung bei den Onagraceen in Sckenk und Lüerssen's Mittheilungen, Bd. 2, 1875.

dene Zonen einnehmen, kann man sich nicht weigern, weiter zu gehen und eine fast unbegrenzte Anzahl Wirtel als in einem Primordium unsichtbar verschmolzen anzunehmen, die dann nach und nach aus demselben hervortauchen. Die Zone der Carpelle braucht dann auch nicht nachträglich entstanden und axil zu sein. Die Gründe, welche Celakovsky dazu bewegen, Axen-Aushöhlungen überhaupt und speciell hier anzunehmen, müssen ihn, scheint es mir, dazu führen, auch die zuerst entstandene becherförmige Bildung als Axen-Bildung zu betrachten. Ein primitives Vereintwachsen mit nachfolgender Trennung von Gliedern ist überhaupt bisher wohl nur bei solchen bewiesen oder als wahrscheinlich dargethan, die auf derselben Höhe wirtelig gestellt sind (z. B. »Cyclome« bei *Primula, Malva*, Onagraceen etc.) oder, verschiedenen Wirteln gehörend, einander genau superponirt sind, wie Krone und Staubblatt bei vielen obdiplostemonen und anderen Blüthen [1]) oder wie Mutterblatt und Achselknospe. Bei dem Compositen-Becher müssten wir noch einen Schritt weiter gehen und alternirende Wirtel in einem Primordium annehmen. So lange keine zwingende Gründe für diese Annahme vorliegen, müssen wir bei der älteren stehen bleiben: eine hohle Axe und einen Entwickelungsgang wie bei den meisten anderen Gamopetalen annehmen.

Eine andere Frage ist die, ob diese hohle Axe inwendig von den Fruchtblättern wie bekleidet ist, und hier dürfte Celakovsky vielleicht das Richtige getroffen haben.

Ehe ich diese Frage über hohle Axen-Bildungen verlasse, werde ich noch der weiblichen Blüthenstände von *Xanthium* gedenken. Nach Köhne's Darstellung (Blüthenentwickl. 25) kommen an der Axe zahlreiche kleine Höcker zum Vorschein, von unten nach oben fortschreitend; endlich die grossen Tragblätter der zwei weiblichen Blüthen. »Zuerst erscheinen diese Fortsätze« (die Höcker, welche sich kegelförmig und hakenförmig ausbilden), »ihrer Entstehung gemäss, unterhalb des Gipfels der Blüthenstandaxe inserirt. Später aber finden Verschiebungen der Art statt, dass die meisten der hakenförmigen Fortsätze an den beiden grossen Deckblättern hinaufgerückt zu sein scheinen, als ob sie aus dem Rücken derselben entsprungen wären«.

---

1) Vergl. z. B. Frank, über die Entwickelung einiger Blüthen. Pringsheims Jahrb. X. 1875.

Wenn diese Entwickelungsgeschichte richtig ist, haben wir auch hier eine krugförmig ausgehöhlte Axe, die an ihrem oberen Rande zwei grössere Blätter, an ihrem Rücken eine Menge kleinerer Fortsätze trägt. Die von Baillon publicirte Entwickelungsgeschichte[1]) ist nicht so klar, und von obenstehender etwas abweichend: »Il n'y en a (d. i. von den hakenförmigen Körperchen) ordinairement qu'un très petit nombre sur l'axe au moment où les deux bractées florales apparaissent; et les autres ne se développent qu'après.« Köhne betrachtet diese Körperchen wie Al. Braun[2]) als Blätter, Baillon als »quelque chose de comparable aux petites écailles de la cupule des Chênes«.

Die zwei Theile des Kelches.

Die zwei Theile des Kelchs, nämlich die ringförmige Erhebung und die Pappus-Körper, verhalten sich in ihrer Entstehung auf verschiedene Weise. Das eine Extrem ist dies, dass Pappus-Körper isolirt an der Axe selbst zum Vorschein kommen, ehe sie durch die ringförmige Erhebung vereint werden; das andere, dass eine wulstförmige die Axe ringförmig umfassende Erhebung (nachher kurz als »Kelchwulst« erwähnt) entsteht und sogar recht gross wird, ehe die ersten (so wie alle folgenden) Pappus-Körper an ihr, und nicht direct an der Axe, angelegt werden. — Diese Extreme sind durch alle möglichen Zwischenstufen verbunden.

Der erste Fall [den ich den *Tragopogon-Cirsium*-Typus nennen werde] kommt bei solchen Gattungen vor, und wohl nur bei solchen, wo die Pappus-Körper sehr kräftig ausgebildet werden (ein schwaches Gefässbündel führen, emergenzartig sind) und sehr früh entstehen, also die schon oben (S. 29) in Vereinigung erwähnten Gattungen *Tragopogon, Cirsium, Carduus* u. a.

An den Längsschnitten von *Cirsium arvense* Taf. **1**, 1—3, ist der Kelch (ç) schon angelegt, innerlich durch wenige tangentiale Theilungen, äusserlich durch schwache Hervorragungen unterhalb der becherförmigen Axe, an welcher fast gleichzeitig die Kronblätter angelegt werden, angedeutet. Die Zelltheilungen finden aber vorläufig nur an fünf

1) Organogénie florale des Xanthium. Adansonia 1, 117—20.

2) Individuum, p. 120.

Stellen Statt, und dadurch entstehen 5 Höcker, die schon recht gross werden können, ehe die Zelltheilung auch die zwischenliegenden Partieen der Axen-Peripherie ergreift und sie durch niedrige Wülste verbinden (vergl. I, 23: *Cirsium arvense*, **2**, 5, 6 und 8, *Cirsium palustre*). Dasselbe findet bei *Carduus crispus* Statt, **2**, 17—19; der Längsschnitt (Fig. 19) zeigt, dass ein starker Pappus-Körper median hinten angelegt ist, während die vordere Seite noch keine Spur von solchen aufweisen kann. Dieselbe Tafel weist ferner eine ganz gleiche Entwickelung bei *Zinnia* nach (30—34), nur mit dem Unterschiede, dass hier nur 1 Pappus-Körper, median hinten, angelegt wird, ehe der Kelchwulst erscheint. Ferner werden Taf. **3**, 1—4 denselben Entwickelungsgang zeigen für *Tragopogon*, und Fig. 24—26 für *Scorzonera* andeuten; und dasselbe findet sich noch bei anderen Gattungen. In keinem Falle fand ich, dass die so angelegten primären (öfters 5) Pappus-Körper nicht durch Wülste verbunden wurden, und dass andere Pappus-Körper entständen, ehe diese Wülste angelegt worden waren, oder um kurz zu sein: diese primären Pappus-Körper, die, wie ich später zeigen werde, die Kelchblätter sind, werden bald vereint wachsen, einen gamophyllen Kelch bildend, an dessem Rande die anderen Pappus-Körper entstehen [1]).

Im zweiten oben erwähnten Fall (dem *Senecio-Lactuca*-Typus) entsteht zuerst ein ringförmiger Wulst, und bei einigen Gattungen bleibt es bei der Ausbildung von diesem stehen, sie bleiben pappuslos: *Lampsana, Pyrethrum* u. a. Dagegen wird dieser Wulst bei den meisten anderen Gattungen der Träger eines Pappus: *Senecio, Taraxacum, Tussilago, Conoclinium*, und vielen anderen (Näheres unten); ja bei einigen wird er sogar recht mächtig, ehe der Pappus erscheint. In den meisten, ja vielleicht allen Fällen ist dieser Wulst doch nicht gleich kräftig überall, wird auch nicht rings herum gleichzeitig angelegt. Die stärkeren Partieen entstehen zuerst (z. B. *Lappa:* **4**, 1—3), und man findet oft sehr schön an Längsschnitten bestimmte Zelltheilungen und die Bildung eines Höckers an der einen Seite, während

---

1) Es scheint, dass alle bisher gemeint haben, ein Ringwulst wäre immer früher vorhanden, als der Pappus; Hänlein sagt sehr bestimmt: »ferner haben alle Pappus-Formen das gemeinsam, dass sie nicht direct aus der Axe entspringen, sondern dass sich zuerst an dem oberen Theile des Fruchtknotens ein Ringwulst bildet. Erst aus diesem sprossen dann die Pappus-Strahlen hervor.«

gar nichts hiervon an der anderen sichtbar ist. Auch hier findet man gewöhnlich, dass 5 Stellen bevorzugt sind, dass der Ringwulst daher 5-eckig wird (vergl. z. B. *Lappa:* **4**, 9; *Taraxacum:* **6**, 31 u. a.), und wenn die Blüthen von aussen betrachtet werden, sieht man einen ausgebuchteten Wall rings herum unterhalb der Krone verlaufen, an welchem dann die Pappus-Körper entstehen *(Lappa:* **4**, 8, 12). Ich betrachte diesen Ringwulst, wie später specieller erörtert werden wird, als den Kelch, an dessen Saume die Pappus-Körper entstehen, und die Ausbuchtungen entsprechen dann in den meisten Fällen den Kelchblättern, die also auch hier gewöhnlich isolirt angelegt werden, um weit schneller als im ersten Falle zu verschmelzen. Auch bei den ganz pappuslosen Gattungen ist der Kelch gewöhnlich oft deutlich eckig, und zwar oft 5-eckig.

Zwischen den beiden Extremen ist der Unterschied jedoch gering und unwesentlich; in dem ersten Falle bleiben die Kelchblätter länger und, weil sie schnell grösser werden, deutlicher isolirt als in dem anderen; in dem ersten Falle wachsen sie an der Spitze schnell je in einen kräftigen Pappus-Körper aus, während sie sich in dem anderen zu niedrigen Ecken abrunden und sich zu den schwächeren, feineren Pappus-Körpern als zu etwas mehr Fremdem verhalten, das an ihren Spitzen so wie Rändern und Seiten ohne bestimmte Ordnung zahlreich entsteht.

Histiologie des Kelchwulstes.

Ich bin wohl der erste, der die histiologische Entwickelung des Kelchwulstes besprochen und abgebildet hat[1]). Hänlein (l. c. 29) erwähnt seine Entstehung aus dem Peribleme, ohne näheres Detail.

Die Anlage des Wulstes findet immer Statt durch tangentiale Theilungen in der ersten subepidermalen Schicht, bisweilen zugleich in der zweiten; bei Anlage des mächtigen Becher-Wulstes von *Cichorium Endivia* kommen auch Theilungen in dem dritten subepidermalen Schichte vor. An jedem Längsschnitte sieht man gewöhnlich

---

1) »Ramification etc.« Tab. I, Fig. 22 mit Erklärung, und: »Sur la différence entre les Trichomes et les épiblastèmes d'un ordre plus élevé«, in den »Videnskabelige Meddelelser« des naturhistorischen Vereins zu Kopenhagen, 1872; im Folgenden gewöhnlich als »Trichomes« citirt.

eine oder einige wenige Zellen in Arbeit versetzt, und durch fortgesetzte Theilungen von den Abkömmlingen dieser Zellen wird der Wulst gebildet. Er entsteht und wächst wie z. B. die becherförmige Axe: die auftretenden Theilungswände sind vorzugsweise tangentiale, aber auch radiale kommen vor; an dem Längsschnitte scheint daher der Wulst vorzugsweise aus radialen Zellreihen gebildet, und nur in den dickeren Becher-Wülsten ist die Anordnung der Zellen eine unregelmässigere. Vergl.: **1**, 4, 7 von *Cirsium arvense;* **2**, 9 von *Cirsium palustre;* **3**, 5, 6 von *Tragopogon;* **3**, 36 von *Sogalgina*; **4**, 12, 13 von *Lappa* (der Wulst ist mächtiger, die Anordnung der Zellen unregelmässiger); **5**, 3, 6, 7, 8, 9 von *Senecio* (wo der Wulst am höchsten ist, in Fig. 8, besteht er an dem Längsschnitte aus zwei radialen Zellreihen, also aus zwei Zellschichten); **5**, 33 von *Bellis* (zeigt, dass die Einschnürung unterhalb der Krone nicht allein durch die tonnenförmige Ausbuchtung des Ovariums zu Stande kommt, sondern auch durch specielle localisirte Theilungen in der ersten subepidermalen Schicht); **6**, 19—21 von *Lactuca* (die Anordnung der Zellen in Reihen ist deutlich, obgleich weniger regelmässig als in minder mächtig entwickelten Wülsten).

Es giebt gewiss sehr wenige Gattungen, bei welchen gar keine Spuren vom Kelch nachzuweisen sind; bei den pappuslosen habe ich fast immer einige wenige Zelltheilungen in der subepidermalen Schicht in einer Ringzone unterhalb der Krone finden können, die völlig denen entsprechen, mit welchen die Bildung des Kelchs bei anderen eingeleitet wird, und die daher diesen homolog gesetzt werden müssen; selbst solche Gattungen wie *Calendula*, *Bellis*, *Lampsana* haben einen deutlich nachweisbaren Kelch. Nur bei *Siegesbeckia* und an weiblichen Blüthen von *Zinnia* fand ich bisher gar keinen Kelch, und auch bei *Xanthium* und *Ambrosia*, welche Gattungen ich nicht untersucht habe, dürfte der Kelch völlig unentwickelt sein.

Bildung und Entwickelung der Pappus-Körper.

Dieser Seite der Entwickelung habe ich besonders meine Aufmerksamkeit zugewandt, da sie von keinem meiner Vorgänger auf gebührende Weise berücksichtigt worden ist. Buchenau, Köhne und die früheren Untersucher haben sich mit den inneren Entwickelungs-Processen nicht beschäftigt; von S. Lund liegt dagegen eine Arbeit vor[1]), in welcher man nach dem Titel entwickelungsgeschichtliche Data erwarten müsste, die auch wirklich in grosser Menge und mit dem feinsten Detail sich vorfinden, aber leider fast alle ausspekulirt, nicht beobachtet sind; da sie dennoch mit dem Gepräge der grössten Zuverlässigkeit dargestellt sind, könnten sie wohl hier und da Glauben finden, und scheinen solchen auch z. B. bei Hänlein gefunden zu haben. Ich habe zu diesem Werke beiläufig einige Bemerkungen gegeben (»Trichomes«) und dabei die Entwickelungsgeschichte des Pappus von *Senecio vulgaris* geliefert. Gegen diese publicirte S. Lund eine sogenannte »Antikritik«[2]). Endlich hat Hänlein (l. c. 29) einige sehr wenige, in den Hauptzügen richtige Bemerkungen über Entstehung des Pappus.

Die schwachen haarförmigen Pappus-Körper.

Senecio vulgaris. (Taf. 5 und meine früheren in »Trichomes« Videnskabelige Meddelelser, 1872 publicirten Abbildungen) Fig. 3, 6—9 zeigen die Entstehung des Kelch-Wulstes durch Theilungen unter der Oberhaut. Die Pappus-Haare stehen in schroffem Gegensatze zu diesem, indem sie nur aus der Epidermis ihren Ursprung nehmen (7, 8, 9). In einigen Fällen ist es sicher, dass nur eine Epidermis-Zelle in Arbeit versetzt wird, indem sie sich radial streckt, auswölbt und längstheilt (14, und Videnskab. Meddel. l. c. 188, Xyl. IX); in anderen Fällen scheinen aber zwei oder drei neben einander liegende Oberhautzellen, die vielleicht nicht als Schwestern zu betrachten sind oder in ähnlichen nahen Verwandtschaftsverhältnissen zu einander stehen, sich gleichzeitig auszuwölben. Die Entscheidung, ob das eine oder das andere Statt hat, ist nicht immer leicht. — Durch die jedenfalls sehr schnell vorhandenen Längswände wird nun gewöhnlich der Grund zu 2, 3—4 senkrechten Zellreihen gelegt (vergl. die tangentialen Längs-

1) Le calice des Composées, essai sur l'unité du développement dans le règne végétal. Botanisk Tidsskrift des botan. Vereins zu Kopenhagen 1872, 2. Reihe, Bd. 2. Nachher citirt unter Bezeichnung: »Essai sur l'unité«.

2) Observations sur le calice des Composées, in den »Videnskabelige Meddelelser« des naturhistorischen Vereins zu Kopenhagen, 1873; nachher citirt als »Anticritique«.

bilder Fig. 13—16, die radialen Fig. 7, 8, 23, und die Scheitelbilder von, den Fig. 13—14, 7—8 entsprechenden, jungen Pappus-Körpern Fig. 30). In einigen Fällen, und nach meinen Beobachtungen in den meisten, stehen die ersten Längswände alle oder zum Theil senkrecht oder fast senkrecht auf der Oberfläche des Kelch-Wulstes, obgleich die 2—3 collateralen Zellen wohl selten gleich gross (weit) sind (vergl. Fig. 30, 16, 7, 13—15 u. a.), und die Wand ist nicht gebogen; in anderen Fällen biegt sich aber die eine oder die andere Wand gegen die Spitze hin und setzt sich nicht genau im Zenith der Zelle ein, wie z. B. in Fig. 20 a; von oben gesehen bietet der Pappus-Körper dann einen Anblick wie z. B. Fig. 30 a; die Längswand scheint seitlich gestellt zu sein.

Jede der collateralen Zellen theilt sich durch Querwände, und diese Theilungsart dauert längere Zeit fort, so dass wir eben so viele collaterale senkrechte Zellreihen erhalten; in 8 und 13 a findet sich in einer der zwei gezeichneten Zellen eine Wand (eine andere Zelle liegt möglicherweise vor oder hinter diesen und dasselbe gilt natürlich auch bei den anderen Figuren, die eben nur optische Längsbilder darstellen; in Fig. 18, 21, 24 sind dagegen auch hinten liegende Zellreihen gezeichnet worden); in Fig. 14, 15, 16, 20 a sind zwei, und in Fig. 20 b, 22, 24, 25, 17, 19, 9 sind noch mehr Querwände aufgetreten.

Was die Aufeinanderfolge der Wände betrifft, scheint sie eine Zeit lang allein oder vorwiegend acropetal zu sein, oder, was dasselbe ist, nur die oberste Zelle jeder Reihe theilt sich, fungirt einigermassen als Scheitelzelle für die betreffende Reihe. Zwar sind die Zellwände von solcher einförmigen Dünnheit, dass sie nur wenige Kriterien für die Aufeinanderfolge geben (die von Lund gezeichneten Differenzen sind zum Theil falsch). Doch wo Differenzen sich nachweisen lassen, sind die Längswände die dickeren, und von den Querwänden sind die obersten die dünnsten. Dazu kommt noch die gewöhnlich schöne Alternation der Wände zweier neben einander liegenden Zellreihen, die intercalirende Theilungen unwahrscheinlich machen, indem solche dann immer gleichzeitig in allen etwa auf derselben Höhe liegenden Zellen aufgetreten sein müssten, oder auch musste ein basales Wachsthum Statt haben; darauf deuten aber keine Thatsachen. In Fig. 22 scheint eine intercalare Theilung eingetreten zu sein (bei *). Die Thatsache, dass die Querwände zweier Reihen entweder alterniren oder wie in 17 einander fast gegenüber liegen, lässt sich aufs schönste dadurch erklären, dass man annimmt: der Rhythmus, der bei der Bildung der ersten Querwände aller einen Pappus-Körper bildenden Zellreihen Statt fand, wird auch für die Bildung aller folgenden beibehalten. Hierüber weiter unten.

Bisweilen dauert die verticale Stellung der Längswände noch eine Weile fort, nachdem die Quertheilungen eingetreten sind (20 b, 24, rechts); aber früher oder später tritt fast immer ungleiches Wachsthum der Zellreihen ein, und die Längswände werden gebogen, indem die eine Zellreihe die andere oder die anderen zur Seite drängt. Wo die eine Längswand von Anfang an schief oder gekrümmt war, wird die dadurch hervorgerufene Ungleichheit der Zellreihen beibehalten und oft vergrössert. Es bieten die Pappus-Körper dann optische Längsbilder wie Fig. 17, wo die rechte Zellreihe von der mittleren überwachsen und zur Seite gedrängt wird; Fig. 18, wo die linke den beiden anderen unterliegt; Fig. 19, wo die linke die bevorzugte scheint, und wo ihre obere Zelle schon eine oberhalb der Spitze der anderen gelegene horizontale Wand gebildet hat; ferner wie Fig. 21, 22, 24, 25.

Es geht aus den Figuren hervor, dass die Spitze der Pappus-Körper, je nach der Ungleichheit der Zellen in Stärke und Wachsthums-Energie, ein verschiedenes Aussehen bietet; bei einem finden wir zwei fast gleich kräftige Scheitelzellen (20 b; 24); bei einem anderen ist eine deutliche aber schwache Ungleichheit (Fig. 16, 18, 20 a, 25); bei anderen wird diese grösser (Fig. 17, 19, 21, 22) und wir enden endlich mit solchen wie Fig. 24, wo eine Zelle über zwei (oder bisweilen mehreren) Zellreihen liegt als scheinbar ihnen allen gehörend, oder: als ob sie die Scheitelzelle des Pappus-Körpers wäre, von der alle die anderen Zellen abstammten. Diese Zelle wird auch von Lund als Scheitelzelle betrachtet, da er aber bisher gar keinen Beweis dafür geliefert hat, dass die anderen Zellen des Pappus-Körpers von ihr abstammen, und auf welche gesetzmässige Weise sie sich theilt, dürfen wir wohl einstweilen von seinem »essai sur l'unité« ganz absehen. Eine solche scheitelständige Zelle, die aber nicht den Werth einer Scheitelzelle hat, nenne ich im Folgenden Pseudo-Scheitelzelle; dass sie nun wirklich nicht den Werth einer Scheitelzelle beanspruchen kann, geht aus der ganzen Entwickelungsgeschichte und den angeführten Data hervor; ferner daraus, dass es, selbst bei nicht eben angelegten Pappus-Körpern, in der Regel sehr leicht ist, jene Zelle auf eine bestimmte Zellreihe als ihre obere Zelle zurückzuführen, wobei die Krümmung oder Dicke der Längswände und Einbuchtungen an den Seiten des Pappus-Körpers leitend sind; dass eine solche Scheitelzelle selten über alle Zellreihen hinübergreift, sondern gewöhnlich nur über zwei, warum sie denn auch nicht die Mutter der anderen sein kann (in Fig. 24 liegt eine Zellreihe hinter den beiden vorderen und reicht ebenso hoch als diese oder als die höchste von diesen); endlich aus dem Zusammenhange der verschiedenen Pappus-Formen sowohl von dieser Art, als von den Compositen im Grossen und Ganzen genommen als verschiedene Modificationen eines einheitlichen Entwickelungs-Principes, was aus dem Folgenden noch deutlicher werden wird[1]). Ich

---

1) Als ein Beispiel der Lund'schen Argumentation um sein Scheitelzellwachsthum zu retten führe ich Folgendes an. Er hat beobachtet, dass »une cellule de dermatogène se prolonge au dehors, et se divise immédiatement par une paroi plus ou moins verticale, pour continuer à croître, ses cellules se divisant par préférence (ou exclusivement) par des parois horizontales. . . . . ces rayons d'aigrette n'ont pas de croissance apicale, et se développent uniquement par croissance intercalaire. Examinons donc de plus près cette croissance intercalaire. Elle comprend 2 périodes: a) Une cellule de dermatogène se prolonge d'abord en dehors (croissance apicale marquée!), elle se divise immédiatement par une paroi presque verticale, et celle-ci s'incline bientôt un peu à droite ou à gauche; ensuite b) apparaissent les divisions intercalaires horizontales. Il est clair qu'à première vue, ces rayons d'aigrette se laissent tout naturellement interpréter comme des rayons qui a) se développent d'abord par une cellule apicale du 2. degré, laquelle termine aussitôt sa croissance apicale;« (oben wurde gesagt, dass diese Pappus-Körper kein Scheitelwachsthum haben, nur Intercalär-Wachsthum; jetzt dass sie ein solches haben, das aber sofort aufhört; ferner sogar, dass sie früh eine zweischneidige Scheitelzelle (in der Terminologie des Autors: »de 2. degré«) haben, aber diese muss dann Scheitelzelle in Relation zu sich selbst sein, denn sie führt nie eine Theilung aus, ehe sie sich durch eine »presque verticale« (bisweilen völlig verticale) Wand in zwei theilt, und dadurch »sa croissance terminale«, beendet. »b) l'évolution s'achève ensuite uniquement par croissance intercalaire.« (Anticritique p. 31). Weil solche Pappus-Körper sich aber zwischen anderen entwickeln, die »se développent par une cellule apicale absolue« (was Autor aber nicht bewiesen hat), so heisst es: »est on forcé« »de dire que l'ensemble des faits exige qu'ils soient interprétés de la manière indiquée«. »Ne pas le reconnaître, c'est mettre de côté la dialectique, dont la recherche scientifique ne peut se passer«! Ich kann

muss nach Allem, was ich gesehen habe, glauben, dass ein Wachsthum durch kryptogamische (monarchische) Scheitelzellen überhaupt beim Pappus keiner Composite vorkommt, obgleich es a priori wohl nicht für unmöglich erklärt werden konnte. Scheitelbilder von jungen Pappus-Körpern in allen Stadien, die in Menge leicht zu erhalten sind, wenn man Querschnitte von Blüthen unter das Mikroskop bringt, sind besonders lehrreich; bei *Senecio* erhält man immer oder fast immer Bilder wie die der Fig. 30: »Scheitelzellen« existiren nicht. Unter dem späteren Wachsthume des *Senecio*-Pappus kommen horizontale intercalare Theilungen in Menge vor, weniger verticale, wodurch die Zahl der an Querschnitten zu beobachtenden Zellen vergrössert wird. Die Ungleichheit der ursprünglichen Zellreihen wird auch ferner bisweilen bedeutend erhöht, warum die einen weit niedriger und schmächtiger bleiben als die anderen (17, 21). Wenn man Pappus-Körper von oben betrachtet und durch successive Einstellungen verschiedene optische Querschnitte erhält, wird man daher auch bemerken, wie die Zahl der an der Spitze vorhandenen Zellen weiter nach unten vermehrt wird, indem andere Zellen in der Peripherie zum Vorschein kommen; erst sind sie ganz klein (eng), durch tiefere Einstellungen werden sie aber grösser und reichen weiter gegen die Mitte hin, bis sie schliesslich dieselbe Weite wie die übrigen Zellen erhalten haben; diese Zellen gehören eben solchen Zellreihen, die in der Höhe hinter den

---

nur dem Leser empfehlen, selbst Bekanntschaft mit dem Lund'schen Werke zu machen; ich halte es der Mühe nicht werth, specieller auf eine Kritik derselben einzugehen. Nur werde ich notiren: 1) dass seine Fig. 1 unrichtig aufgefasst ist, weil Pappus-Körper ursprünglich aus nur 1 Zellreihe gebildet nie vorkommen; die punktirte Wand gehört wahrscheinlich einer hinteren Zellreihe an. 2) Dass Fig. 2, 3, 4, 5, 6, 7, 8, 9, 10 u. a. unrichtig sind, weil sie eine Ungleichheit in der Dicke der Wände darstellen, die nicht vorkommt; ich wage dieses zu sagen, weil ich sorgfältig nach solchen Möglichkeiten gesucht habe und sie nie habe finden können. 3) Fig. 16 wird wahrscheinlich auf einer irrthümlichen Auffassung beruhen. 4) Nirgends macht Autor einen ernsthaften Versuch, die gesetzmässige Abstammungsfolge der Zellen aus seiner Scheitelzelle, und damit auch die Scheitelzell-Natur zu beweisen. 5) Es ist unrichtig, dass: »tout d'abord la majorité des rayons d'aigrette est munie d'un point végétatif construit d'après l'un des types que nous avons nommés ci-dessus«, das ist: mit einer Scheitelzelle »verschiedenen Grades«.

anderen zurückgeblieben sind, und erst durch tiefere Einstellung zum Vorschein kommen können; die Zelle *a*, Fig. 11, gehört einer solchen Reihe; in den oberen Bildern, die höhere Einstellungen darstellen, verschwindet sie allmälig. Wäre sie durch Längstheilung einer Zelle entstanden, so würde die neue trennende Wand wohl immer plötzlich in ihrer ganzen Breite auftreten, wenn man von einer höheren zu einer tieferen Einstellung geht. In älteren Pappus-Körpern kommt das vor.

Senecio Jacobaea und *viscosa* verhalten sich wie *S. vulgaris*.

Ganz dieselbe Entwickelung findet sich bei *Lactuca muralis* und *perennis* (Taf. 6). Auch hier sieht man zwei collaterale Zellen sich erheben, die aus einer Epidermis-Zelle hervorgegangen zu sein scheinen (Fig. 21, 22 und 26); diesem Längsschnitte entspricht ein Scheitelbild wie 25 o, 27 a. In dem Querschnitte Fig. 26 sind die schraffirten Zellen Basal-Zellen zweier Pappus-Körper. In anderen Fällen sind es drei oder vier Zellen, die den jungen Pappus-Körper bilden (27, 25, 20). Durch horizontale Theilungen wird eine entsprechende Zahl von senkrechten Zell r e i h e n erzeugt, die bald parallel und gleich stark verlaufen, bald ungleich sind, indem eine übergreifend ist. In Fig. 21 sind 4 Pappus-Körper angedeutet, in denen parallele fast gleich starke Zellen oder Reihen bis zum Gipfel verlaufen. In Fig. 24 besteht der Pappus-Körper aus 3 Zellreihen, einer kleinen und einer längeren vorn, und einer dieser letzten gleichlangen hinten. In Fig. 20 besteht er aus wahrscheinlich 4 sich erhebenden Zellen, von denen die drei sich quergetheilt haben. In Fig. 23 findet Uebergreifen Statt. In Fig. 19 ist die Ungleichheit der Zellen von vorne herein gross und eine Pseudo-Scheitelzelle wird durch die mit * bezeichnete Wand gebildet. Ebenso findet sich grosse Ungleichheit der Zellen oder Zellreihen in Fig. 22 b; dieser Pappus-Körper besteht aus wenigstens 4 Reihen. An keiner der vielen Spitzen von jüngeren und älteren Pappus-Körpern, die ich betrachtet habe, fand ich eine ächte Scheitelzelle, auf deren Theilungen ich die unterliegenden Zellen zurückführen konnte; fast überall Bilder wie in Fig. 27. An alten Haaren findet man gegen die Spitze hin gewöhnlich nur zwei Zellreihen; die Querwände in denselben stehen oft einander gerade gegenüber (Fig. 28), und die Längswand ist porös.

Mulgedium (**6**, 29—30) verhält sich, wie die vorigen. Aus Fig. 29 a und b ergiebt sich, dass die Pappus-Körper selbst in der Geburt nicht durch Scheitelzellen wachsen; eine erhebende emportreibende Kraft ergreift eine Anzahl Epidermis-Zellen; bisweilen liegt eine Zelle gerade in der Mitte des gebildeten Höckers, bisweilen stossen die Scheidewände von zwei oder mehr Zellen gerade in der Mitte zusammen; andere peripherisch liegende werden mehr oder weniger in die Höhe mit geschleppt. Die Längsbilder entsprechen den Scheitelbildern: in Fig. 30 finden sich 4 Zellreihen senkrecht gestellt; die kleinste ist *a*; nach dieser kommt *b*, dann die hintere punktirte, und endlich *c*, die zugleich übergreifend ist. Die Wände sind nach ihrem Auftreten mit Zahlen bezeichnet; die jüngste und dünnste ist 13. Das bei *Senecio* besprochene Alterniren der Wände und der in der Theilungsfolge herrschende Rhythmus zeigt sich hier sehr schön[1]).

Ferner gehörten hierher:

Ligularia macrophylla (**5**, 39). Der gezeichnete Pappus-Körper besteht aus zwei vorderen und zwei hinteren Zellreihen; die letzten sind fast gleich, von den vorderen ist die linke die stärkere und ihre obere Zelle hat fast den Anschein einer zweischneidigen Scheitelzelle; von den Wänden ist aber die Längswand *p—q* die dickste, *m* die nächst dünnere, dann *n* und *o* die dünnste. Ausserdem deutet die stärkere Einbuchtung bei *q* (so wie an der Spitze zwischen den beiden hinteren Zellreihen) darauf hin, dass die entsprechenden zwei Zellreihen längere Zeit selbstständig neben einander gestanden haben.

Taraxacum officinale (**6**, 31—35). In Fig. 33 ist eine ganze Gruppe von jungen Pappus-Körpern abgebildet, zum Theil in Frontansicht so, dass die hinterliegenden Zellreihen auch abgebildet sind (durch punktirte Linien), zum Theil im optischen Längsschnitt. In *a* laufen zwei Zellreihen neben einander zum Gipfel hinauf; in *b* liegen zwei Zellreihen in der Mitte mit kleineren zum Theil noch ungetheilten Zellen um sich; in *c* beobachtet man zwei kleine Zellreihen rechts hinter einander und zwei übergreifende links ebenso hinter einander; in *d* laufen zwei in der Mitte parallel zum Gipfel; ebenso in *e*, aber hier liegt in demselben Plane noch eine kleine seitlich; in *f* laufen zwei vordere und eine hintere Zellreihe gerade zum Gipfel; in *g* ist

1) Es sei ein für alle Mal bemerkt, dass die Zellen nicht mit allen ihren Wänden stereometrisch gezeichnet werden können, ohne dass viel Raum für die Figuren gefordert werden müsste; hoffentlich werden die gezeichneten Linien aber hinreichen, um das Verhältniss klar zu machen.

ein Pappus-Körper in Entstehung begriffen durch gleichzeitige Erhebung wenigstens dreier Zellen; in *h* liegen in der Mitte eine ungetheilte kleinere und eine etwas übergreifende quergetheilte Zelle; *i* und *m* verhalten sich wie *a* und *e*; *k* hat eine vordere Zellreihe und zwei hintere, die oben in einer Pseudo-Scheitelzelle enden; welche Reihe die übergreifende ist, lässt sich jetzt schwerlich abmachen; *l* ist fast wie *b*; im Ganzen sind hier 5 Zellen gehoben worden; *n* besteht in dem sichtbaren Theile aus drei fast gleich starken Zellreihen; *o* aus zwei; diese und noch einige andere Pappus-Körper dieses zufällig ergriffenen Präparates werden zeigen, wie sie angelegt werden und durch Quertheilungen in die Höhe wachsen und welche Bilder überhaupt ein Theil des Kelches mit seinem jungen Pappus bei dieser Art bieten kann. Längstheilungen finden auch früher oder später Statt (vergl. *d* und Fig. 34, die einen Querschnitt durch ein altes Pappus-Haar darstellt; *x* und *y* sind doch keine Längstheilungen).

Auch *Crepis virens* gehört in diese Abtheilung; eine grössere Zahl von Zellen scheint von Anfang an in Arbeit gesetzt zu werden, indem Querschnitte nahe am Grunde sehr jugendlicher Pappus-Körper schon eine Zahl von 3—7 Zellen zeigte, ohne dass innere Zellen ausgebildet waren. Täuschende Pseudo-Scheitelzellen fand ich oft.

Allen diesen Pappus-Körpern ist es gemeinsam, dass sie haardünn, schneeweiss sind, und dass die subepidermalen Zellen gar nicht oder doch sehr wenig bei derer Bildung in Arbeit versetzt werden; sie sind fast reine Epidermis-Bildungen, durch Erhebung und Quertheilung einer Anzahl Epidermis-Zellen entwickelt, und innere Zellen finden sich nur sparsam vor. Dadurch treten sie auch in schroffen Gegensatz zu dem durch Theilungen des subepidermalen Gewebes gebildeten mehr oder weniger mächtigen Kelchwulst (**6**, 19—21; **5**, 8, 9).

Uebergangsformen von diesen haarförmigen Pappus-Körpern zu starken emergenzartigen finden sich in grosser Zahl vor. Eine eigenthümliche findet sich bei *Sonchus*, indem diese Gattung zwei Formen von Pappus hat: haardünne Körper in grosser Anzahl an der Peripherie des Wulstes und dickere als Emergenzen entwickelte in einem inneren Wirtel: **6**, 4—6.

Die Entstehung und Ausbildung der haarförmigen lernt man aus: Fig. 10, wo die Zellen *m* und *n* den Grund zu einem Pappus-Körper legen; der ältere ist aus drei senkrechten Reihen gebildet, von denen die zwei gleich stark sind; Fig. 12: der jüngere Pappus-Körper besteht im optischen Längsschnitte aus einer inneren (nach dem Centrum der Blüthe zu stehenden) ungetheilten und äusseren quergetheilten Zelle (die hieraus hervorgehende Zellreihe scheint übergreifend zu werden) diesem Stadium entspricht 15a; der ältere besteht aus zwei gleich starken Zellreihen; Fig. 13: zwei Zellreihen mit je zwei Zellen bilden den Pappus-Körper; Fig. 11: die äussere Zellreihe übergreifend; Fig. 14: die innere die übergreifende. Diesen Längsbildern entspricht das Scheitelbild mit den Querschnitten Fig. 8; an der Spitze besteht der Pappus-Körper aus zwei Zellreihen durch die Wand *m* getrennt; dann drängt die Zellreihe *p* sich ein; nach ihr kommt die Reihe *q* zum Vorschein, erst eng (an der Spitze) bald weiter, so dass das Haar am Grunde aus 4 Zellreihen besteht. Vergl. auch die Querschnitte Fig. 6.

Die Entstehung der dickeren inneren Pappus-Körper sieht man aus Fig. 9 und 15, die radiale Längsschnitte darstellen, und 16 und 17, welche tangentiale Längsschnitte sind. In Fig. 9 sieht man nur eine innere Längsreihe (an dieser Einstellung), in den andern zwei, die in 16 gleich stark parallel laufend sind, in 15 und 17 ungleich sind, indem die eine über die andere hingreift. Diese inneren Zellen stammen aus dem subepidermalen Gewebe und sind, wie sich aus den Bildern ableiten lässt, aus der Quertheilung etwa 2—4 collateraler Zellen hervorgegangen; dieses wird durch Querschnitte nahe am Grunde (Fig. 6) bestätigt. Die Epidermis-Kappe, welche am Grunde des Pappus-Körpers also 2—4 Zellreihen umschliesst, führt nun aber bald an ihrer Spitze ähnliche Theilungs-Processe aus, wie in den haarförmigen im vorigen besprochenen Pappus-Körpern: der Pappus-Körper wird ein emergenzartiger, der an der Spitze ein Haar trägt. Dieses terminale Haar, aus wenigen Epidermis-Zellen entstanden, ist wie die vorigen gebaut: die Oberflächenbilder und optischen Durchschnitte zeigen in Fig. 17 drei gleich starke, in Fig. 15 drei ungleich starke Zellreihen; die Zelle *p* greift über *q* hin.

Die Pappus-Körper sind nicht nur in der Anlage verschieden, sondern auch im späteren Bau; die stärkeren laufen, wie gewöhnlich die Pappus-Borsten, an der Spitze in zahlreiche spitze Zahnbildungen aus (etwa wie Rauters Bild 8, Taf. IV in seiner Arbeit: »Zur Entwickelungsgeschichte einiger Trichom-Gebilde«); die dünnen bestehen an der Spitze immer aus nur zwei Zellreihen: sieht man das Haar von der flachen Seite, so bietet es das Aussehen von Fig. 18a: die Zellen laufen am oberen Ende in stumpfe rückwärts gebogene Haken aus, und die Scheidewände sind porös; von der Kante gesehen (18b) zeigt sich, dass die Seitenwände mit starken dünnhäutigeren Ausbuchtungen versehen sind. Diese dünnen Haare haben in ihrem unteren Theile hakenförmige oft unregelmässige Ausbuchtungen von den oberen und unteren Enden der Zellen (18c).

Durch diesen dimorphen Pappus (der merkwürdiger Weise unbekannt zu sein scheint) ist *Sonchus* also eine vermittelnde Form zwischen den nur mit haarförmigen und den mit stärkeren Pappus-Körpern versehenen Gattungen. Als eine andere Art von Uebergangsformen sind zu nennen solche, wie *Cineraria* (**5**, 37, 38) und *Gnaphalium* (**8**, 30) wo innere Zellen, aus dem subepidermalen Gewebe stammend, bald fehlen, bald vorhanden sind. Innere Zellen kommen wohl auch bei anderen der vorher genannten Gattungen vor, scheinen mir aber bei diesen häufiger zu sein. Aus **5**, 37 sieht man, dass die subepidermalen Zellen ihre Arbeit ein wenig nach den Epidermis-Zellen anfangen. Der Pappus-Körper besteht schliesslich fast nur aus Zellen, die von der Epidermis abstammen, und zeigt daher auch nicht an Querschnitten innere Zellen (38); erst am Grunde können solche zum Vorschein kommen; an der Spitze, *a*, ist keine Scheitelzelle.

Es finden sich nun die allmäligsten Uebergänge von solchem Pappus zu der Entwickelungsform, in welcher die Epidermis-Zellen erst in Arbeit durch tangentiale und andere Theilungen treten, wenn die subepidermalen Zellen schon einen grossen Körper aufgebauet haben, oder zu einem Pappus-Körper, an dem sie sich nie anders als durch radiale Wände theilen. Das folgende wird hiervon Beispiele geben.

Antennaria dioica (Taf. 8). In Fig. 1 ist noch keine Spur von Kelch; in Fig. 2 und 3 hat seine Bildung angefangen. Der Kelch wird ein scharf abgesetzter ringförmiger Wulst, wie in Fig. 5, dessen Epidermis-Zellen in geraden Reihen mit denen des Ovarium liegen (Fig. 14); wenn die Pappus-Körper an dem Rand des Wulstes entstehen, lassen diese Zellreihen sich gewöhnlich auch sehr leicht über die Pappus-Körper hin verfolgen, wie in 8a. Die Zellen *n* und *q* gehören einer Reihe, *m* und *p* einer anderen, *o* einer dritten, die sich alle weit hinab verfolgen lassen; daraus geht hervor, dass eine Entstehung des Körpers durch die Thätigkeit Einer in der Epidermis liegenden Initial-Zelle ausgeschlossen ist. Derselbe Pappus-Körper ist in optischem Längsbilde in Fig. 8b abgebildet: es zeigt sich, dass er seine Entstehung sowohl einer Theilung von wenigen subepidermalen Zellen als einer Streckung von etwa 6—8 Epidermis-Zellen verdankt. Es ist der Grund zu einer Zahl (5—8) von aus der Epidermis abstammenden äusseren und zu wenigen inneren von dem subepidermalen Gewebe herrührenden Zellreihen gelegt worden. Da wir sowohl an radialen als tangentialen Längsschnitten gewöhnlich nur eine innere Zellreihe finden, darf also nur eine solche als Regel angenommen werden: vergl. Fig. 8b und 7b; 9 und 13. Die aus der Epidermis abstammenden Zellreihen verhalten sich wie bei den vorigen Arten: mit senkrechtem Verlauf ohne oder fast ohne usurpirendes Uebergreifen, z. B. Fig. 11, der aus wenigstens 6 äusseren Zellreihen besteht (nach ihrer Höhe *a—f* bezeichnet) und einer inneren: *m;* oder mit in verschiedenem Grade übergreifenden Zellreihen z. B. Fig. 10a, wo vier äussere Zellreihen entwickelt sind und die höchste *d* übergreifend ist (die Wände nach ihrer Folge nummerirt), Fig. 10b mit drei äusseren, von denen die zwei vorderen scheinbar mit einer gemeinsamen Zelle endigen; Fig. 12 mit 4 sehr verschieden entwickelten Zellreihen (a—d), von denen c über d stark hingreift, während b dieselbe Höhe erreicht wie c; die Buchstaben *m, n, o, p* bezeichnen verschiedene Wände; Fig. 13, wo A die vordere Frontansicht darstellt, B den optischen Längsschnitt, durch welchen die innere Zellreihe zum Vorschein kommt, und C die hintere durch tiefste Einstellung erhaltene Ansicht. Von den fünf Zellreihen ist besonders *e* übergreifend über *d*.

Diese selbstständig auftretenden Zellreihen finden sich mit Deutlichkeit selbst in älteren Pappus-Körpern, wo die Zellen schon stark papillenförmig hervortreten und dadurch dem Körper (der männlichen Blüthe) ein keulenförmiges Aussehen geben. Bei einer Pappus-Länge von ½ Mm. hört, wie es scheint, die Zellbildung im oberen Theile des Körpers auf, und es tritt eine Schwellung der Zellen ein, besonders derjenigen, die in zwei lateralen Reihen liegen.

Bei anderen Gattungen ist die Zahl der inneren Zellreihen grösser. Dies ist der Fall bei dem schon besprochenen *Sonchus* (6, 6, 15—17); ferner bei *Hieracium Pilosella* und *umbellatum*, wo gewöhnlich 2—4 und vielleicht noch mehr innere Reihen angelegt werden, während ein Querschnitt am Grunde eines fast fertig gebildeten Pappus-Körpers eine Anzahl von etwa 6—16 von der Epidermis umschlossenen Zellen zeigt, die durch intercalare Längstheilungen aus jenen ersten hervorgegangen sind; sie erhalten stark verdickte Wände, zeigen aber keine Spuren von Gefässbündeln; die zuletzt gebildeten Pappus-Körper bleiben sehr klein und haben keine inneren Zellen. Ferner bei *Erigeron*, *Aster* u. a.

Die starken emergenzartigen Pappus-Körper.

Noch stärkeren Antheil an der Pappus-Bildung nimmt das subepidermale Gewebe und noch geringeren durch anders als radiale Zelltheilungen die Epidermis, oder: die Pappus-Körper werden in höherem Grade rein emergenzartig, und die Epidermis-Ausbildungen treten noch mehr zurück bei Gattungen wie *Cirsium*, *Scorzonera*, *Carduus*, *Lappa* u. s. w.

Betrachten wir zuerst *Cirsium arvense* (Taf. I.), weil diese Art Ausgangspunkt für S. Lunds Untersuchungen gewesen ist. An radialen Längsschnitten durch ganz junge Pappus-Körper (Fig. 9, 12—15, 17) findet man gewöhnlich 1—2, an tangentialen etwa 2—4 (Fig. 10, 11) innere Zellreihen, die im Verhältniss zu dem tragenden Organ ungefähr senkrecht verlaufen, und, wie die Zeichnungen zeigen, bald mehr parallel und mit gleicher Stärke, bald ungleich stark und mit Pseudo-Scheitelzellen versehen sind. Diese Zellreihen, die also in einer Zahl von gewöhnlich 3—6 vorhanden sind, stammen von einer entsprechenden Anzahl horizontal getheilter subepidermaler Zellen ab. Die Differenzen, die von Anfang vorhanden sind, werden bei weiterer Entwickelung grösser, ganz wie bei den im Vorigen betrachteten aus der Epidermis abstammenden Zellreihen: einzelne Zellreihen werden den anderen bevorzugt, erreichen eine grössere Höhe und greifen mehr oder weniger über sie hin: Fig. 16, 17; es können dann auf radialen Längsschnitten Pseudo-Scheitelzellen zum Vorschein kommen. Im obersten Theile des Pappus-Körpers findet man oft nur 1 Zellreihe, im Querschnitt nur Eine innere Zelle; durch successiv niedrigere Einstellungen treten dann nach und nach andere hinzu, nicht so, dass die trennende Scheidewand plötzlich mitten in der vorhandenen erscheint, sondern gewöhnlich so, dass sie erst an der Peripherie ganz undeutlich hervortaucht und durch allmälig tiefere Einstellung immer weiter nach der Mitte hin rückt; dieses stimmt völlig mit der obigen Theorie: wir haben nicht Eine Scheitelzelle oder eine durch Theilung einer solchen entstandene obere Zellreihe, deren Zellen sich intercalär senkrecht theilen und so die übrigen Reihen hervorbringen, (dies kommt in den älteren Pappus-Körpern vor: 2, 3), sondern selbstständige collaterale Zellreihen. Vergl. hierzu Fig. 19: fünf Einstellungen vom Scheitel fast bis zum Grunde des Pappus-Körpers (die Buchstaben bezeichnen verschiedene Zellreihen); Fig. 20: fünf ähnliche Einstellungen an einem anderen Pappus-Körper, sammt Fig. 21 und 22. Die Epidermis besteht aus einer Anzahl Zellreihen, die schnell weiter nach unten vermehrt werden; sie gipfeln in einer Anzahl Zellen, von denen bisweilen eine in der Mitte liegt (19a, 20a), während anderswo die Scheidewände die Mitte einnehmen (21 und 22); eine ächte Scheitelzelle fand ich nie, ja selbst eine Initial-Zelle dürfte nicht existiren, wenn damit eine scheitelständige Zelle gemeint ist, die im Wachsthume den anderen vorausgeht. An dem Pappus-Körper bildet sich übrigens recht bald aus der Epidermis ein Terminal-Haar (16, 17, 18); dieses bietet dieselben Verhältnisse wie die oben besprochenen; in Fig. 18 war die Wand *z* offenbar die jüngste und dünnste (was die Figur nicht gut darstellt)[1]).

1) Ueber die Entwickelung des Pappus-Körpers bei *Cirsium arvense* theilt Sams. Lund folgende völlig abweichende Geschichte mit (Essai sur l'unité, p. 132): Bei der Bildung des Pappus-Körpers nimmt sowohl Dermatogen als Periblem Theil. »Combien y a-t-il de cellules du périblème qui participent à la formation de l'aigrette naissante? Une seule. Mais cette cellule se poussant en dehors, les cellules du périblème le plus immédiatement environnantes sont en outre mises en mouvement, et même se divisent.« Dieses ist aber nur »un enflement local de la zone vitale inférieure« und diese Zelltheilungen haben keine Bedeutung für den Aufbau des Pappus-Körpers. »Les rapports de croissance de la cellule initiale sont très simples; les voici: cette cellule, par une paroi à peu près horizontale, se divise en deux, une supérieure et une inférieure. La première atteint rapidement la grandeur normale, se divise de nouveau par une paroi à peu près horizontale, etc. Il se forme ainsi, par l'action de la cellule initiale, un rang perpendiculaire de cellules.« In dieser Zellreihe finden nun intercalare Theilungen auf eine so schöne regelmässige Weise statt, dass es wirklich Schade ist, dass die Natur die Regelmässigkeit nicht erfunden haben soll (vergl. seine Fig. 1—9, und Text pg. 124—26). Ferner: »l'épiderme de

Cirsium palustre stimmt völlig mit *Cirsium arvense*; doch habe ich einen Fall abgebildet, der mit der Lund'schen Entwickelungs-Geschichte übereinzustimmen scheint; 2, 15, wo man in *a* den Scheitel, in *b—e* successive Einstellungen eines Pappus-Körpers hat; am Scheitel findet sich eine mittlere Zelle, Lunds »pyramidale viereckige» Scheitelzelle, von 4 Zellen umgeben, die also von ihr abstammen sollen; den näheren Zelltheilungs-Modus auszufinden, muss ich aber Lund überlassen. Die Zellreihe *m* theilt sich weiter unten; neben ihr tauchen die Zellreihen *n* und *q* hervor; die Epidermis-Zellreihen werden vermehrt. — Dieser Fall ist aber nur einer von vielen: andere Pappus-Körper zeigen ganz andere Bilder.

Cirsium lanceolatum. Eine Menge in Bezug auf ihre erste Entwickelung untersuchten Pappus-Körper stimmten völlig mit *Cirsium*

---

l'aigrette se développe aussi par une seule cellule terminale. Celle-ci a la forme d'une pyramide quadrangulaire assez régulière (eine abgestumpfte)[1]) (vergl. Fig. 19—22)...; sie theilt sich regelmässig, »et par suite de la forme et de la manière de croître de la cellule apicale, les cellules épidermiques du jeune rayon d'aigrette, lequel se développe par croissance apicale, sont, immédiatement au dessous de son sommet, disposées assez régulièrement vers quatre côtés.« Dies Citat wird hinreichen, zu zeigen, dass, wenn diese Entwickelungsgeschichte in der That mit der Natur übereingestimmt hat, das Jahr 1871, in welchem Lund wohl seine Compositen-Studien trieb, ein für diese Familie ganz exceptionelles gewesen sein mag, voll Arbeits-Störungen, vielleicht in Correlation mit den Störungen auf socialem Gebiete. Zu bemerken ist nur, dass Lund dieselben Entwickelungs-Geschichten bei allen anderen Gattungen wieder findet, und mit dem Gepräge der grössten Zuverlässigkeit und der sorgfältigsten und schärfsten Forschung publicirt: »Dans la première partie du présent mémoire, j'ai donné un exposé minutieux (aber dennoch nicht richtigen) de la structure anatomique et du développement de l'aigrette du *Cirsium arvense*. . . . . La structure anatomique des diverses formes d'aigrette capillaires est, en tout, si simple que même là où l'on ne connaît que la structure anatomique, le développement sera pourtant évident, si l'on connaît d'abord à fond çelui de l'aigrette du *Cirsium arvense.*« (Essai sur l'unité, p. 160) . . . . »J'essaierai maintenant de faire voir que la conclusion de Mr. Warming est entièrement inexacte« . . . er (Lund) hat seine Resultate erhalten« en comparant entre elles un grand nombre de plantes differentes« etc. etc.

1) Wie ist eine regelmässig 4-seitige pyramidale Scheitelzelle möglich? Durch die erste Theilung ist sie keine Pyramide mehr. Verf. erwähnt dennoch solche Scheitelzellen; vergl. S. 184: Cellule apicale du 4. degré.

arvense überein; dasselbe gilt für *Carduus crispus*, *Lappa tomentosa* u. a., *Centaurea Cyanus* und *C. Scabiosa*. Von *Lappa* sind einige Entwickelungs-Stadien auf Taf. 4 abgebildet. Fig. 12 und 13 zeigen radiale, Fig. 14—15 tangentiale Längsschnitte durch eben entstehende Pappus-Körper; es geht aus ihnen hervor, dass eine subepidermale Gruppe von circa 4 Zellen in Arbeit versetzt wird; vom ersten Anfange an giebt es Ungleichheiten zwischen diesen Zellen. Fig. 15—20 zeigen radiale und tangentiale Längsschnitte durch ältere Pappus-Körper: jene Zellen haben senkrechte Zellreihen erzeugt, die bald parallel verlaufen: 15, 17, 20, bald übergreifend sind: 19, 20 und besonders: 16 und 18 (in dieser ist die rechte Zellreihe offenbar die übergreifende, in Fig. 16 lässt es sich jetzt nicht entscheiden, welche Reihe die dominirende ist). Die Scheitelbilder (Fig. 26—28) stimmen mit denen der vorigen; eine scheitelständige Zelle findet sich bisweilen, eine Scheitelzelle aber nicht, wenigstens vermag ich nicht den Beweis zu führen, dass sie eine solche ist. Querschnitte bestätigen die durch Längsschnitte erhaltenen Resultate (28, 29); die wenigen inneren Zellreihen werden durch senkrechte Theilungen vermehrt (29).

Die *Centaurea*-Arten haben, wie bekannt, oft zwei Pappus-Formen: äussere borstenähnliche und einen inneren Wirtel von schuppenförmigen, gelappten. Jene entwickeln sich in ihrer ersten Zeit wie die von *Cirsium* u. a. m.; bei der Entstehung von diesen wird sogleich eine grössere Anzahl subepidermaler Zellen in Arbeit versetzt; an den tangentialen Längsschnitten etwa 5—7, an den radialen 2—3, also im Ganzen circa 10—20 und mehr. Die dadurch entstehenden Zellen sind nicht immer regelmässig in Längsreihen geordnet.

Zu den mächtigsten Pappus-Borsten gehören die von *Tragopogon*. Die zuerst gebildeten fünf weichen im Bau etwas von den später entstehenden ab (3, 5—14, 22, 23). Den Bau und die Entwickelung des Kelchs sieht man aus Fig. 5, 6; in Fig. 9 fängt die Bildung eines der fünf grossen Pappus-Körper an; in Fig. 7 ist der Kelch mit einem älteren Pappus-Körper radial senkrecht durchschnitten: zwei Zellreihen laufen mit fast gleicher Mächtigkeit zur Spitze; Fig. 8 ist ein ähnlicher Schnitt: 4 Zellreihen treten in dem Pappus-Körper ein, die eine stärkere sich oben spaltend; in Fig. 11 ist ein anderer radialer Längsschnitt: das innere Gewebe ist weniger regelmässig. — Vergleicht man hiermit tangentiale Längsschnitte (z. B. Fig. 10), so findet man denselben

Bau: eine nur grössere Anzahl von Zellreihen tritt in den Pappus-Körper ein, von dem subepidermalen Gewebe ihren Ursprung nehmend; dieselben Gleichheiten oder Ungleichheiten in Stärke und Verlauf, die oft oben besprochen wurden, kommen auch hier zwischen den Zellreihen vor. Aus den verschiedenen Längsschnitten geht hervor, dass eine Zahl von etwa 8—12 subepidermalen Zellen in Theilung versetzt wird und die Epidermis in die Höhe treibt. Die Zellreihen lassen sich oft sehr schön hoch in den Pappus-Körper hinauf verfolgen, hören aber doch in verschiedener Höhe auf, und nur wenige bevorzugte reichen zum Gipfel; oft treten aber auch Unregelmässigkeiten ein. An radialen Längsschnitten erhält man durch Wechsel der Einstellungen gewöhnlich verschiedene Bilder: in dem einen Plane sind die Reihen regelmässig und parallel, in dem anderen kommt starkes Uebergreifen vor, in einem dritten lässt sich vielleicht fast keine regelmässige Ordnung nachweisen. Wie im Inneren ist auch in der Epidermis von Scheitelzellen keine Rede; ein eben sich erhebender Pappus-Körper ist in Fig. 14, von oben betrachtet, abgebildet; eine Anzahl Epidermis-Zellen wird in die Höhe getrieben und es scheint ganz zufällig zu sein, ob eine Zelle oder eine Zellwand gerade in die Mitte des Scheitels zu liegen kommt, jedenfalls erhält man die verschiedensten Bilder selbst bei den allerjüngsten Pappus-Körpern. Die Spitze eines älteren ist in Fig. 13 abgebildet. Die später im Inneren auftretenten intercalaren Theilungen lassen sich bisweilen sehr schön aus der Dicke der Zellwände und durch Einstellungen in verschiedener Höhe erkennen, z. B. Fig. 12. — Ein terminales aber schwach entwickeltes Haar entsteht aus der Epidermis an der Spitze des Pappus-Körpers.

Die nach diesen fünf ersten gebildeten Pappus-Körper sind oft von Anfang an breiter und relativ kürzer (**3**, 22); die gebildeten Zellreihen verhalten sich sonst wie bei jenen. An diesen späteren Pappus-Körpern werden Lateral-Haare von der Spitze bis zum Grunde angelegt (specielleres hierüber unten); an den fünf primären bleibt die Spitze dagegen nackt, nur die gewöhnlichen durch Auslaufen der Zellen entstandenen Zahnbildungen kommen vor (**3**, 23, auch 17); auch Spaltöffnungen (23) entwickeln sich hier in absteigender Folge, und scheinen sich aus einem oberen Zellenabschnitt zu bilden. Auf den behaarten Theilen aller Pappus-Körper fehlen sie oder sind nur ganz vereinzelt vorhanden.

Auch die Pappus-Körper von *Scorzonera* sind emergenzartig, denen von *Tragopogon* gleich. Ausser den schon erwähnten habe ich noch die erste Entwickelung einer Anzahl anderer Pappus-Körper mehr oder weniger vollständig untersucht, die alle zu den emergenzartigen gehören und eine mehr oder minder kräftige Entwickelung haben.

Hierher gehören: *Picris laciniata*, deren Pappus-Körper Spiral-Gefässe führen; *Volutarella muricata; Tussilago Farfara*, bei welcher der Pappus der männlichen Blüthen merkwürdiger Weise kräftiger angelegt wird als in der weiblichen; *Helenium tenuifolium; Helminthia echioides; Sogalgina trilobata; Leontodon*, wo auch Spiralgefässe angelegt werden (jedenfalls geht ein Zellenstrang in die stärkeren Pappus-Körper hinein, dessen Zellen mit Verdickungsschichten, denen eines Gefässes überaus ähnlich, versehen sind) (vergl. auch **9**, 17); *Catananche coerulea*, deren Pappus wie sehr kräftige Emergenzen sind; *Hypochœris radicata, Solidago virga aurea;* endlich müssen auch die kräftigen Pappus-Körper von *Bidens* und *Dahlia* genannt werden, doch habe ich die Entwickelung bei ihnen nicht genauer untersucht, so viel nur gesehen, dass sie unregelmässiger ist, als bei den weniger kräftigen. — Sonst habe ich bei keiner wesentlich von den oben besprochenen Gattungen abweichende Verhältnisse beobachtet.

Ueber die weitere Ausbildung der Pappus-Körper durch intercalares Wachsthum habe ich hier nur anzuführen, dass ein schwaches Gefässbündel, wie Lund zuerst richtig angegeben hat, bei einigen ausgebildet wird; das Zelltheilungs-Schema, durch welches dieses nach seinen sehr bestimmten und detaillirten Angaben stattfindet, ist aber völlig aus der Luft gegriffen, wie aus einer Vergleichung meiner obenstehenden Beobachtungen mit seinen hervorgehen wird. Dass eine höhere, normale Ausbildung mit Gefässen vorkommen kann, hat man bisher nicht beobachtet; ausser den erwähnten Gattungen *Picris* und *Leontodon* können noch *Palafoxia* (**8**, 24), *Galinsoga* (**2**, 24), *Zinnia* (die starken Borsten **2**, 35) und *Hyoseris scabra* DC. angeführt werden. Eichler hat bei *Gaillardia rustica* »grüne Commissural-Streifen« und Spaltöffnungen an dem reifen Pappus gefunden (Diagr. S. 288). Es kann gar nicht wundern, wenn man ein Mal eine Composite mit breiten grünen genervten Pappus-Körpern findet.

Kronartiger Pappus. Bei vielen Compositen-Gattungen bildet sich ein Pappus als selbstständiger borsten- oder haarähnlicher Körper nicht aus, sondern der Kelchwulst wächst in einen dünnen gewöhnlich unregelmässig gezähnten und getheilten kronartigen Saum aus. Der Bau von diesem wird jetzt zu betrachten sein, nachdem wir erst einige Formen untersucht haben, die gewissermassen als Uebergangsformen zwischen dem zusammenhängenden Saum und dem aus völlig freien Haaren etc. bestehenden Pappus betrachtet werden können, nämlich Gattungen mit schuppenförmigen Gebilden an dem Kelchwulste.

Schuppenförmige Pappus-Körper hat z. B. *Cichorium Endivia* u. a. Arten, obgleich Lund sagt, dass »l'aigrette membraneuse et laciniée« . . . »forme un anneau fermé« (vergl. **9**, 27—33). Wie bei *Antennaria* oder noch besser bei *Cineraria* werden fast gleichzeitig epidermale und subepidermale Zellen zur Bildung der Pappus-Körper in Arbeit versetzt, indem tangentiale oder mehr oder weniger unregelmässig schräg gestellte Theilungswände auftreten; aber es ist eine grössere Anzahl in tangentialer Richtung neben einander liegender Zellen, die activ wird. Zwischen den aus dem einen und den aus dem anderen Stratum herstammenden Zellen wird es bald schwierig oder unmöglich eine Scheide zu finden, das ganze Gewebe wird mehr oder minder unordentlich. Doch geht deutlich die Hauptmasse der Schüppchen aus der Epidermis hervor. An Querschnitten sieht man daher im oberen Theile nur zwei Zellschichten, weiter unten kommen die in der Mitte liegenden Zellen zum Vorschein (Fig. 32c und b, wo innere Zellen links zum Vorschein kommen). Nach Lund sollen ähnliche Körper durch eine »Wachsthumskante«, durch »cellules marginales« von bestimmter Form wachsen; die Natur ist nicht so glücklich, solche Entwickelungsart hier zu kennen, und in der Kante eines Schüppchens liegen die Zellen völlig ohne Ordnung: bald eine quer über die Kante, bald stossen Zellen in der Mitte von dieser zusammen, u. s. w.: **9**, 32a, 33a.

Ein anderes Beispiel schuppenförmiger Pappus-Körper bietet *Galinsoga* (**2**, 24—27). Sie werden durch Theilungen der subepidermalen Gewebe angelegt, und wachsen eine Weile allein durch solche; an tangentialen Längsschnitten findet man oft 6—7 nicht immer besonders regelmässige Reihen, an radialen nur 1—2 (Fig. 25, 27); später nehmen die randständigen Epidermis-Zellen lebhaften Theil: 26, 27.

Der schuppenförmigen Pappus-Körper bei *Centaurea*-Arten wurde oben Erwähnung gethan; sie sind emergenzartig in höherem Grade als die von *Cichorium*.

Andere emergenzartige finden sich bei *Tagetes (erecta* und *patula)*. Der Pappus besteht hier aus gewöhnlich 1, seltener 2 langen, lancetlich-lineären Borsten und einer 3—4 Mm. langen steifen weit, umfassenden Membran; diese ist am Rande unregelmässig lappig oder ist bisweilen tief in 2—3, vielleicht mehrere, Partieen unregelmässig getheilt (7, 15, 16*a* und *b*). In diesen verschiedenen Theilen laufen schwache aus Cambiform gebildete Gefässbündel aus (*v* Fig. 22, die Linien Fig. 16*a* und *b*), in den lancetlichen Borsten gewöhnlich 1—3, in dem membranartigen Theile eine unbestimmte Anzahl, die keineswegs genau einem der Lappen entspricht, oft sogar vor dem Zwischenraume zwischen zwei solchen liegt (vergl. 16*b*, die sehr genau gezeichnet ist)[1]). Die freien lancetlichen Borsten werden ganz wie die kräftigen Pappus-Körper bei *Cirsium* u. a. angelegt (vergl. Fig. 17, 18), und an einem tangentialen Längsschnitte sieht man 5—7 und wohl noch mehrere senkrechte, verschieden hohe Zellreihen in sie austreten. Macht man radiale Längsschnitte durch den membranartigen Pappus, so erhält man Bilder, als ob man eine kräftige Pappus-Borste durchschnitten hätte, mit parallelen oder übergreifenden Zellreihen, und wenn die Membran weit ausgebildet ist, läuft die Epidermis an der Spitze in einen zweischichtigen, den terminalen Haaren entsprechenden Saum aus (7, 23); im Grunde des ganzen Kelches sind die Zellen übrigens, wie die Figur zeigt, ungewöhnlich regelmässig geordnet. Dem Längsschnitte Fig. 23 entspricht der Querschnitt Fig. 22, der aus dem in 16, b abgebildeten Pappus-Stück genommen ist. Von einer aus regelmässigen, bestimmt geformten Randzellen gebildeten Wachsthumskante ist keine Rede. Die

---

1) Bei Lund heisst es (Essai sur l'unitè, pg. 166): »Une telle écaille . . . se fend en haut d'une manière irregulière en un nombre variable de lobes. Chacun de ces lobes« . . . enthält »un faisceau vasculaire situé dans la ligne médiane du lobe, lequel se forme, comme d'ordinaire, de cellules de cambiforme à parois minces«. Im Grunde der Membran findet man bis zu einem Dutzend von Gefässbündeln, »dont chacun correspond à son lobe et s'y étend«. Man hat daher eigentlich ebenso viele Pappus-Borsten als Gefässbündel, nur sind sie in eine Membran verschmolzen, schliesst Verfasser aus seinen Beobachtungen, denen ich nicht beistimmen kann.

Oberhautzellen sind am Ovarium in Reihen der Längsrichtung des Organs gleichlaufend geordnet, und laufen von da über den Kelchsaum hinweg; aber die Zellen der beiden Seiten des Randes entsprechen doch nicht einander so völlig, wie sie thun müssten, wenn sie durch z. B. eine zweischneidige nach den beiden Seiten hin Segmente abgebende Randzelle entstanden wären; auch sieht man leicht, wenn man den Saum gerade von oben betrachtet, dass keine Regelmässigkeit in der Stellung der Zellen vorhanden ist (vergl. 7, 5 von *Tanacetum*).

Die borsten- und membranartigen Pappus-Theile von *Zinnia* haben einen ähnlichen Bau wie die von *Tagetes*.

Von denjenigen Gattungen, die einen rings herum zusammenhängenden Kelchsaum haben können, sind z. B. *Tanacetum* (7, 1), *Grangea* (7, 11), *Pyrethrum* (7, 12—14) zu nennen. Es ist bei diesen völlig unmöglich, den zuerst gebildeten Kelchwulst von dem später sich erhebenden Pappus-Saum zu trennen; sie gehen allmälig in einander über. Bei *Tanacetum* wird der Kelch zuletzt eine am Rande unregelmässig gezähnte Schüssel (7, 1, aus einer jungen Blüthe); die radialen Längsschnitte Fig. 2, 3, 4 zeigen denselben Entwickelungsgang wie in dem isolirten Pappus-Körper: eine oder mehrere Zellschichten, mit Uebergreifen, und am Rande selbst eine Dermatogen-Entwickelung mit völlig parallelen Zellschichten (Fig. 3) oder mit Uebergreifen der einen (Fig. 4); verschiedene Einstellungen bringen verschiedene Bilder und zeigen, dass die in tangentialer Richtung neben einander liegenden Theile der Membran von einander unabhängig sind. Der Rand, von oben betrachtet (Fig. 5), bietet ganz dasselbe Bild wie bei *Tagetes*, wie die Pappus-Schuppen von *Cichorium*, und die Pappus-Körper überhaupt, nämlich durchgehend Mangel an regelmässiger Ordnung; Fig. 6 und 7 zeigen Querschnitte durch den allein aus der Epidermis entstehenden und den weiter nach unten liegenden mit inneren Zellen versehenen Theil des Kelchs.

Die unregelmässige Zahnbildung am Rande wird bei *Grangea* noch weiter geführt: der Rand hebt sich in kurzen Haaren, die den haarförmigen Pappus-Körpern von *Senecio* u. a. gleich gebaut sind: sie sind aus selbstständigen collateralen Zellreihen gebildet (7, 11: eine Blüthe; 8 der Rand eines jüngeren Kelchs von aussen betrachtet, mit den Zellen der hinteren Zellschicht punktirt gezeichnet um zu zeigen, dass die Zellen der vorderen Schicht nicht denen des hinteren in ihrer

Lage entsprechen; Fig. 9: der Rand eines älteren Kelchs mit jungen Haarbildungen).

Wir haben hier eine Art Uebergangsform zu dem eine Menge Pappus-Haare tragenden Kelchwulste (des *Senecio-Taraxacum*-Typus), und andere lassen sich leicht auffinden. Auch lassen sich gewiss alle Mittelformen auffinden zwischen einem hohen nur gezähnten Kelchsaume und einem niedrigen Wulste, der viele Pappus-Emergenzen trägt. Zu solchen wird *Echidnacea purpurea* zu rechnen sein (7, 30, 31); doch kenne ich die Entwickelungsgeschichte nicht. Der Kelchsaum ist in kurze spitze Zähne unregelmässig getheilt. Querschnitte durch ihn zeigen unter der Epidermis ein mächtiges Parenchym, in welchem hier und da sclerenchymatische Zellen liegen (7, 32).

Flügelbildungen. Das marginale Wachsthum, das bei diesen Pappus-Säumen beobachtet wurde und seinen Ausdruck in den Epidermis-Auswüchsen fand, findet bisweilen auf ähnliche Weise local Statt bei den borstenähnlichen Pappus-Körpern; hierdurch entstehen hyaline Flügel an ihren Seiten, die aus 2 oder wohl auch nur 1 Zellschicht bestehen. Nach Lund, der diese Flügelbildungen bespricht, entstehen sie z. B. bei *Silybum* durch die regelmässige Arbeit einer Reihe von regelmässigen »cellules marginales«[1]).

Ich habe meinerseits diesen Randwuchs von *Silybum* nicht untersuchen können, vermag aber nicht einzusehen, wie diese ganze Entwickelungs-Darstellung richtig sein könnte. Dieses Randwachsthum

1) Es heisst z. B. bei *Silybum Marianum* (Essai sur l'unité, pg. 162): »Cette croissance latérale du dermatogène n'a pas lieu irrégulièrement et accidentellement, mais d'une manière tont à fait déterminée, que voici: . . . . la croissance latérale se fait par un seul rang de cellules initiales marginales (cellules marginales du dermatogène). Mais maintenant a lieu, chez le *Silybum*, la singularité que le dermatogène continue invariablement la croissance latérale, après que l'endophylle a mis fin à la sienne, c'est-à-dire qu'il se forme une aile telle que je l'ai précédemment décrite, en ce que tout simplement les parois inclinées alternativement à droite et à gauche, et qui sont nées dans la cellule initiale marginale, convergeront.« Verfasser meint hiermit, dass diese Reihe von Randzellen zweischneidig werden und sich durch alternirend geneigte Wände theilen; und diese Entwickelung hat er »observée avec la plus grande évidence.«

wird schwerlich von dem Marginal-Wachsthum von *Tanacetum* u. a. abweichen, und dort giebt es keine »Randzellen«. Was ich an anderen Pflanzen beobachtete (ohne dass ich die Sache sehr eingehend untersuchte), ist diesem Marginal-Wachsthume ebenfalls durchaus nicht günstig. Ein Paar Beispiele mögen gegeben werden.

Galinsoga (**2**, 24—27). In der entfalteten Blüthe besteht der Pappus aus mehreren Schüppchen; dass sie wie Emergenzen entstehen, wurde oben erwähnt. Der ganze Rand läuft zuletzt in einen hyalinen unregelmässig getheilten Epidermis-Saum aus (24). Die Theilungen der Epidermis-Zellen finden (Fig. 26) durch sowohl tangential als radial und schief gestellte Wände Statt, und auf einem Querschnitte erhält man Bilder wie 27: an jeder Seite läuft die Epidermis in eine oder zwei Zellschichten aus auf ganz dieselbe Weise wie in den Spitzen der Spreuborsten (z. B. **2**, 21) oder den borstenförmigen Pappus-Körpern (z. B. **1**, 16, 17; **8**, 11—13 u. a.), oder am Rande des kronenartigen Pappus (wie **7**, 2—4, 23).

In den blättchenartigen Pappus-Körpern (**8**, 24) von *Palafoxia* ist der flügelartige hyaline Rand in seinen äussersten Theilen aus einer Schicht von Zellen gebildet, deren Ordnungsweise man in **8**, 26 sieht. Dieser Rand wird auf ganz dieselbe Weise durch Theilungen der randständigen Epidermis-Zellen gebildet (Fig. 25), und dasselbe beobachtet man bei *Helenium, Leontodon* u. a. *Gaillardia* hat einen aus einer Schicht gebildeten Flügelsaum, dessen Zellen denselben Bau haben wie die des dicken Mitteltheils; sie sind so stark verdickt, dass fast kein Lumen übrig bleibt. Auf ähnliche Weise verhalten sich die Pappus-Körper von *Catananche*, welche emergenzartig sind; ihre Entwickelung habe ich aber sonst nicht weiter verfolgt[1]).

---

1) Einen Ausgangspunkt zur Beurtheilung der Lund'schen Untersuchungen bieten seine Angaben über *Aster* und *Erigeron*. Es heisst (Essai sur l'unité, pg. 147): »Mais ce qui caractérise particulièrement l'aigrette de l'*Aster Tripolium*, c'est son aile singulière. Celle-ci ne se développe pas, comme chez le *Sonchus* et la plupart des Composées chez lesquelles cette formation se rencontre, par des parois obliques, mais par des parois disposées d'une manière regulière tangentiellement.« Und dasselbe hat bei *Erigeron acer* Statt. — Diese neue Flügelbildung mit tangentialen Theilungswänden (von welcher Figuren gegeben werden, Pappus-Querschnitte darstellend) wird ganz einfach durch die bei wohl fast allen Pappus-Körpern Statt habenden lateralen Zahnbildungen

Zuletzt noch einige Bemerkungen über das intercalare Wachsthum[1]). Längs- und Quertheilungen finden in grosser Menge Statt,

---

hervorgerufen. Man wird finden, dass die oberen Enden der äusseren Pappus-Zellen zahnförmig hervorspringen (7, 25, 27; 6, 28); macht man nun Querschnitte, etwa wo die punktirten Linien (7, 25 und 27) gezogen sind, durch die Pappus-Borste, so erhält man Bilder wie 7, 24 und 26 (welche den von Lund gegebenen entsprechen), wo die Wände *m* und *n* die Lund'schen Tangential-Wände sind, also die Scheidewände zwischen dem auslaufenden oberen Ende einer Zelle und dem unteren Ende einer nachfolgenden. Diese »Flügelbildung« findet man natürlich überall, wo die Zähne unter spitzerem Winkel vom Körper ausgehen, und das höher stehende Haar am Grunde keilförmig zugespitzt ist, z. B. auch bei *Taraxacum* (6, 34, die Wände x—y); wo die Zähne unter fast rechtem Winkel ausgehen, wird man sie schwieriger finden (z. B. bei *Lactuca;* 6, 28). Es wäre der Mühe gar nicht werth dieser Sache Erwähnung zu thun, wenn dadurch nicht zugleich ein gewisses Licht auf die von Lund angewendete Untersuchungsmethode geworfen würde, welche meinem Erachten nach der genügenden Zuverlässigkeit entbehrt. Bemerkenswerth ist es dabei zu lesen, wie derselbe Verfasser die Ruthe gegen andere Botaniker schwingt wie Rauter, Hanstein, Kraus (der so dreist gewesen ist ein völlig correctes Urtheil über seine Compositen-Arbeit in der Botan. Zeitung, 1873, S. 458 auszusprechen«: Es lohnt sich nicht aus der Masse von unrichtig Beobachtetem und verworren Zusammenconstruirtem vielleicht hie und da ein Paar richtige Thatsachen auszusuchen«) und mich, und was er über den Standpunkt der Anatomie heut' zu Tage spricht: »Die Situation innerhalb der Pflanzen-Anatomie ist in wenigen Worten diese: man arbeitet ohne Plan, ohne Zusammenhang, ohne Blick für das Wesentliche; es fehlt ein leitender Gedanke« u. s. w.« Wird man denn Lund wirklich für berechtigt halten, wenn er einen Fehler gefunden zu haben glaubt, ein Urtheil wie folgendes auszusprechen: »Trouvant donc de si essentielles erreurs dans l'exposition faite par Mr. Rauter du développement de ces trichomes semblables à du pappus chez l'*Hieracium,* je ne puis admettre comme valable l'exposition faite par le même auteur du développement des formes de trichomes analogues chez les genres *Correa, Ribes* etc.« (Essai sur l'unité, pg. 235).

1) Eine Frage, die leider noch nicht bearbeitet worden ist, und mit Rücksicht auf welche keine zuverlässige Beobachtung vorliegt, ist die: wie es der Mechanismus eingerichtet, durch welchen die der Samenverbreitung dienende Ausbreitung der Pappus-Körper stattfindet? Ich habe leider nicht Gelegenheit gehabt Untersuchungen hierüber anzustellen. Beiläufig sei auf die vorzügliche Abhandlung von Cassini: Observations sur les différents modes de la dissémination chez les Synanthérées, in Bulletin des sciences par la société philomatique de Paris, 1821, pg. 92, aufmerksam gemacht. Cassini scheint viel zu wenig in der Jetztzeit gekannt zu sein.

aber das schöne Wachsthums-Schema, das Lund gefunden hat, habe ich nicht entdecken können. — Als allgemeine Regel gilt, was bei Lund richtig ist: das Scheitelwachsthum hört zu einem gewissen Zeitpunkte auf, und alle Pappus-Körper wachsen von da ab vorzugsweise durch basales Intercalar-Wachsthum, was auch für die Kron- und Staubblätter, die Spreuborsten und viele andere Blätter und Emergenzen und Haare zu gelten scheint. — Es hat als unzweifelhaftes Kennzeichen, 1) dass die lateralen Haar- und Zahnbildungen in absteigender Ordnung entstehen, 2) dass die Zellen des Grundes von einem Zeitpunkte ab weit jünger als die anderen sind, indem sie dünnwandig sind, wenn die oberen schon festere Wände haben, protoplasmareich sind und durch Jod gelb gefärbt werden, wenn jene völlig protoplasmafrei sind, klein, während jene viele Mal grösser sind.

Ueber den intercalaren Wuchs der Kron- und Staubblätter vergl. Köhne. Die Spreuborsten haben, jedenfalls bisweilen, auch Basal-Wachsthum (vergl. oben).

Allgemeine Resultate.

Aus den im Vorhergehenden mitgetheilten und verschiedenen anderen Untersuchungen deducire ich folgende allgemeine Resultate:

1. Die haar-, borsten- oder schuppenförmigen Pappus-Körper sind bisweilen reine Epidermis-Bildungen, bisweilen emergenzartige, deren Epidermis doch gewöhnlich, früher oder später, terminale haarähnliche Körper (an den lineären Pappus-Körpern) oder randständige Flügelbildungen erzeugt. Der kragen- oder schüsselförmige Kelch ist ein ähnlicher nur membranartiger und ringförmiger Auswuchs des subepidermalen Gewebes mit früher oder später eintretender Epidermis-Flügelbildung.

2. Bei Anlegung irgend eines dem Kelchwulste oder einem Pappus-Körper terminal eingefügten Haares[1]) wird eine grössere oder kleinere Gruppe von Epidermis-Zellen in Arbeit versetzt; ebenso wird eine

1) Der Kürze wegen gebrauche ich bisweilen »Haar« im anatomischen Sinne.

Gruppe von subepidermalen Zellen stimulirt, Zellbildungen auszuführen, wenn ein emergenzartiger Körper angelegt wird. Gewöhnlich liegen mehrere Zellen in tangentialer Richtung neben einander, als in radialer. — In einigen Fällen (bei den dünnsten Pappus-Körpern) kommt es unzweifelhaft vor, dass nur eine Epidermis-Zelle emporgetrieben wird und, indem sie sich sogleich senkrecht theilt, den Grund zum Haare bildet; in anderen Fällen ist die Nachweisung dieses Verhältnisses schwieriger, und je grösser der Pappus-Körper von Anfang angelegt ist, desto mehr Zellen werden auch sogleich in Arbeit versetzt, und desto schwieriger wird es auch nachzuweisen, dass diese Zellen aus einer einzigen abstammen. Wo man aber, wie bei den grösseren Pappus-Körpern oft leicht ist, beobachten kann, dass die erhobenen Zellen verschiedenen der senkrechten Epidermis-Zellreihen gehören (vergl. **8**, 8a), da lässt sich auch mit Sicherheit sagen, dass die für diese Zellen gemeinsame Mutterzelle einer fast adamitischen Vorzeit gehören muss. Dasselbe gilt für die in Arbeit versetzten Zellen der subepidermalen Gewebe. Es ist möglich, dass oft Eine Zelle den Anfang macht, aber andere umliegende gesellen sich ihr zu, wenigstens bei grösseren Gliedern.

3. In der ersten Zeit nach der Anlegung eines jungen Pappus-Körpers wächst derselbe fast ausschliesslich durch horizontale Zelltheilungen der in Arbeit versetzten Zellen und deren Abkömmlinge. Dadurch wird eine Anzahl von senkrechten Zellreihen gebildet, die entweder von der Epidermis abstammen oder von dem subepidermalen Gewebe, indem die Epidermis eine Zeit lang in die Höhe getrieben wird, und nur radiale Theilungen in ihr vorkommen, oder von sowohl der Epidermis als des subepidermalen Gewebes, die sich in sehr verschiedenem Grade an dem Aufbau des betreffenden Körpers betheiligen können. Die jungen Zellwände sind fast alle gleich dick, so dass die Entstehungsfolge sich nur in selteneren Fällen aus ihrer Dicke schliessen lässt; wenn man aber darauf Rücksicht nimmt, dass die Zellwände von zwei neben einander liegenden Reihen (in einem jungen Glied) gewöhnlich zum grössten Theile sehr schön mit einander alterniren (vergl. **I**, 16, 17 und 27 (die inneren Zellen); **4**, 20; **6**, 12, 15, 17 u. a.), und dass sich eine Spiral-Stellung der Wände, wenn man mehrere Zellreihen betrachtet, bisweilen auffinden lässt (z. B. links in **7** Fig. 30, wo die Wände nach ihrer Folge 1—13 bezeichnet sind und wo die 13. die dünnste ist, und

in 7, 10 rechts z. B. in 8, 10b u. a.), lässt sich hieraus, wenn es mit den übrigen beobachteten Thatsachen zusammengehalten wird, schliessen, dass das Wachsthum durch Theilung nur der obersten Zelle jeder Reihe stattfindet, noch nicht intercalar, und dass diese Theilung in den kollateralen Zellreihen in derselben Folge ausgeführt wird, in welcher sie von Anfang an in den grundlegenden Zellen eingeleitet wurde. Nun trifft es sich natürlich aber, dass die grundlegenden Zellen nicht nach einander in einer spiraligen Folge die Theilungen anfangen, sondern dass zwei oder mehrere gleich starke gleichzeitig anfangen, oder dass, wenn z. B. vier vorhanden sind, die gegenüberliegende nach der anfangenden, und nicht eine Nachbarzelle, fortsetzt — alsdann wird dieser Rythmus sich auch fernerhin noch eine Weile fortsetzen. Die Intervalle zwischen den Theilungen der verschiedenen Scheitelzellen bleiben also gewöhnlich dieselben; fängt die Zelle A an sich zu theilen, und folgt ihr die Zelle B nach einem Intervalle x, die Zelle C nach dem Intervalle y, und D nach dem Intervalle z; dann die obere Zelle der Reihe A nach dem Intervalle w, dann werden diese Intervalle auch ferner bewahrt werden. Sind die Intervalle x, y, z sehr klein, so werden die Wände fast wirtelig gestellt, und die Wirtel werden desto weiter von einander gerückt werden, je grösser der Intervall w ist; z. B. in 8, 10a, wo eine undeutliche linke Spiralfolge zu herrschen scheint. Es wird aber auch aus den angeführten Zeichnungen hervorgehen, dass kleine Unregelmässigkeiten der Intervalle vorkommen, und dass eine Zelle sich bisweilen früher theilt, als sie nach dem angefangenen Rythmus thun sollte; wenn man zwei neben einander liegende Zellreihen betrachtet, wird man die Alternation der Wände auch nicht so regelmässig finden, dass die Zellwände der einen Reihe immer in einer gewissen Höhe relativ zu den Zellen der anderen Reihe liegen, was wahrscheinlich auch von Inconstanz in den Theilungs-Intervallen herrührt.

4. Eine gemeinsame Scheitelzelle für das innere Gewebe kommt nicht vor, so wenig wie eine für die Epidermis oder die in der Epidermis entstehenden Neubildungen, d. h. eine Zelle, die sich vor den anderen respective des inneren Gewebes oder der der Epidermis gehörenden oder aus der Epidermis abstammenden, durch Form, Grösse oder Theilungsart auszeichnet, auf welche diese anderen als auf eine

gemeinsame, einen gesetzmässigen bestimmten Theilungs-Modus in ungleichwerthe Tochterzellen ausführende Mutterzelle zurückgeführt werden können. Dagegen kommen Pseudo-Scheitelzellen häufig vor sowohl in den allein aus der Epidermis abstammenden Pappus-Körpern und Theilen von solchen, als in dem Inneren der von einer Epidermis umschlossenen Pappus-Gebilde. Eine solche entsteht dadurch, dass die angelegten Zellreihen irgend eines Pappus-Körpers, unter denen vom ersten Anfang an immer Ungleichheiten in Grösse und Stärke vorkommen, unter dem ferneren Wachsthume noch mehr ungleich werden: einzelne (besonders peripherische) reichen nicht so hoch wie andere, und die obere Zelle irgend einer bevorzugten Zellreihe greift über eine oder auch mehrere Nachbarzellreihen hin, indem sie stärker wächst als die oberen, ihre Theilungsfähigkeit aufgebenden oder vermindernden Zellen in diesen. In den meisten Fällen ist es leicht, eine solche Pseudo-Scheitelzelle zu einer bestimmten Zellreihe als deren oberste zurückzuführen, in anderen Fällen gelingt es an den einzeln beobachteten Entwickelungs-Stadien nicht mit Sicherheit; dass aber auch solche über mehreren Zellreihen liegende und sie nach oben abschliessende, scheitelständige Zellen nicht ächte Scheitelzellen sind, dafür zeugt die Analogie mit den weit häufigeren Fällen, in welchen das Wachsthum mit selbstständigen Zellreihen konstatirt ist, und dass eine solche Lagerung der Zellen durch die allmäligsten Uebergangsformen mit derjenigen in Verbindung gebracht werden kann, wo zwei oder mehr Scheitelzellen von gleicher Stärke und Entwickelung neben einander liegen. Die Scheitelzelle der bevorzugten Reihe kann, indem sie ihre Theilung fortsetzt, eine die anderen überragende Reihe hervorbringen. Es kommt offenbar auch vor, dass sie sich vertical theilt, was wahrscheinlich identisch ist mit dem Aufhören ihrer Theilungen überhaupt. Das Wachsthum durch collaterale, selbstständige Zellreihen tritt nun desto deutlicher hervor, je dünner oder einfacher entwickelt der Pappus-Körper ist, also am schönsten bei den haarförmigen; je mächtiger die emergenzartigen sind, desto öfter wird man Unregelmässigkeiten in der Ordnung der Zellen finden, besonders durch intercalare Theilungen hervorgerufen.

5. Derselbe Wachsthums-Modus der bei linearen Pappus-Körpern (Borsten, haarförmigen) beobachtet wird, herrscht auch, nach allen

beobachteten Thatsachen zu schliessen, bei dem schuppenförmigen und membranartigen Pappus, nur werden grössere Gruppen von Zellen (Epidermis-Zellen, subepidermalen Zellen oder allen beiden) gleichzeitig in Arbeit versetzt. Es wird eine entsprechende Zahl von collateralen Zellreihen erzeugt, welche in verschiedener Höhe aufhören, auf ähnliche Weise wie bei jenen völlig parallel laufen oder übergreifend-ungleich sind; von einander unabhängige Zellreihen liegen in radialer sowie in weit grösserer Zahl in tangentialer Richtung neben einander; weder in dem aus den subepidermalen Zellen erzeugten inneren Gewebe, noch in der, bei den emergenzartigen Körpern, überdeckenden Epidermis, noch in den aus der Epidermis erzeugten gewöhnlich sehr hyalinen Rand-(Flügel-)Bildungen ist zu irgend einer Zeit eine das Wachsthum auf bestimmte Weise vermittelnde oder wenigstens im Wachsthum voranschreitende besondere Randzellenreihe zu bemerken. — In den schuppenförmigen, die eine Ausbreitung in tangentialer Richtung erhalten, sowie in den verschiedenen Flügelbildungen schuppenförmiger oder haarförmiger Körper, muss eine, dem fortschreitenden Wuchse entsprechende, häufige Radial-Theilung der Zellreihen (⊥-Theilung) stattfinden, die aber auch oft zu den Seitenwänden schief ist (vergl. **2**, 25—26; **8**, 25, 26; **9**, 29—31).

6. Früher oder später hört das apicale Wachsthum der Zellreihen und also des ganzen Organs auf, und früher oder später, von dem Apical-Wachsthume sicher unabhängig, tritt Intercalar-Theilung in horizontaler (intercalarer Längswuchs) und in verticaler (intercalarer Dickenwuchs) Richtung auf. Besonders ergiebig ist das intercalare Längenwachsthum, das besonders lange am Grunde des Pappus-Körpers stattfindet; es entwickelt sich nachher der Pappus-Körper in basipetaler Richtung: die Streckung der Zellen und das Aufhören der Zellentheilungen, die Anlegung der lateralen (Zahn- und Haar-)Bildungen schreitet von der Spitze nach dem Grunde hin fort. — Durch die intercalaren Zelltheilungen wird das Innere oft in einen Fibrovasal-Strang und ein umgebendes Parenchym differenzirt; jener besteht gewöhnlich aus Cambiform, selten werden wirkliche Gefässe normal ausgebildet. In dem Parenchym der mächtigeren Pappus-Körper ist die ursprüngliche reihenweise Ordnung gewöhnlich durch die intercalaren Theilungen

undeutlich gemacht; besonders undeutlich wird sie in den schuppenförmigen, die sich lateral stark ausbreiten.

7. Die ganze Wachsthumsweise lässt sich als die durch collaterale selbstständige Zellen oder Zellreihen (aus einer oder auch mehreren Zellschichten stammend) mit oder ohne überlagernde Zellkappen stattfindende bezeichnen. Der haarförmige Pappus-Körper wächst allein durch collaterale Zellreihen; der emergenzartige Pappus-Körper wächst wie ein haarförmiger mit einer Epidermis überkleidet. Die schuppen- und membranartigen Körper oder Körpertheile, bei welchen der Vegetations-Punkt zu einer Vegetations-Linie wird, verhalten sich in allem Wesentlichen den linearen gleich. Je nach der Form des Körpers findet der Wuchs auf etwas verschiedene Weise Statt; im einen extremen Falle findet keine longitudinale Theilung der Zellen des Vegetations-Punktes Statt, das Organ wird konisch zugespitzt; im anderen häufige Längstheilung der voranschreitenden Zellen und dadurch Vermehrung der Zellreihen, das Organ wird flächenartig ausgebreitet.

Es entsteht natürlich die Frage, welche Verbreitung im Pflanzenreiche diese Wachsthumsweise hat. Nur wenige sind noch die Untersuchungen, die über das Wachsthum der Phanerogamen mit solcher Genauigkeit angestellt sind, dass sie sich als Grundlage für die Beantwortung der Frage verwenden lassen. Indessen glaube ich, dass ich mich nicht irre, wenn ich die Vermuthung auszusprechen wage: es wird sich zeigen, dass alle Glieder der Mono- und Dikotylen als Regel nach demselben Modus wachsen. Ueberall bei solchen, wo ich selbst Glieder in ihrer Entstehung untersuchte, habe ich Bilder erhalten, die denen des Compositen-Pappus völlig entsprachen; nirgends fand ich kryptogamische Scheitelzellen und gewöhnlich nicht ein Mal Initial-Zellen, die constant in der Axe am Scheitel der Glieder oder ihrer verschiedenen Meristem-Schichten lagen und als eine Art Scheitelzelle für sie oder für ihre speciellen Schichten betrachtet werden könnten.

Was die Trichome oder Metablasteme (Celakovsky) betrifft, finden wir viele mit meinen übereinstimmende Bilder und Beobachtungen bei den früheren Beobachtern. Die Figuren und entwickelungsgeschichtlichen Angaben bei Rauter[1]) über die Metablasteme von *Rosa, Ribes, Hieracium, Azalea* u. a. lassen sich recht wohl in Uebereinstimmung mit der supponirten Grundregel bringen; ebenso bei Delbrouck[2]), dessen Angaben nicht so eingehend sind, wie die von Rauter, die Metablasteme von *Papaver, Rubus, Solanum* u. s. w.; ferner seien genannt die Untersuchungen von Uhlworm[3]), meine eigenen[4]): die Barthaare bei *Menyanthes*, die Blatt-Drüsenhaare von *Drosera*, die Haken des *Agrimonia*-Kelchs stimmen völlig mit dem Pappus, und auch für solche robuste Organe wie die Stacheln von *Datura* lässt sich annehmen, dass sie unter dieselbe Betrachtung eingehen können, worüber weiter unten. Ferner sei noch auf die unten näher zu erwähnenden anderen Haarbildungen und Emergenzen der Compositen und auf die Spreuborsten (**1**, 27, 28; **2**, 20, 21; **9**, 8 u. s. w.), die Discus-Bildungen (**2**, 4) aufmerksam gemacht[5]).

---

1) Zur Entwickelungsgeschichte einiger Trichomgebilde. Wiener Akad. der Wissensch. Vol. XXXI, 1871.

2) Die Pflanzenstacheln, in Hanstein's botan. Abhandl. 2. Bd., 4. Heft. 1875.

3) Botan. Zeitung, 1873.

4) Trichomes etc.; Videnskabelige Meddelelser, 1872.

5) Noch sei auf eine Abhandlung von Mayevski aufmerksam gemacht: Evolution des barbules de *Begonia manicata*, (in Bulletin de la soc. impér. des naturalistes de Moscou, 1872, No. 4). Die hier angeführten Data stimmen gut mit den bei den Compositen beobachteten. Die zuerst entstehenden Haare sind Emergenzen, bei deren Bildung aber die Epidermis-Zellen den Anfang machen, und durch specielle Zelltheilungen einen haarförmigen Körper erzeugen; bei den später entstehenden spielt in immer höherem Grade die Epidermis eine Rolle, während das subepidermale Gewebe zurücktritt. — Die ersten werden auf folgende Weise gebildet; entweder so (Mayevski, pg. 253): »une des cellules (der Epidermis) un peu plus large allonge sa paroi supérieure et dépasse ainsi les dimensions des cellules épidermiques voisines; après quoi son intérieur se cloisonne en deux; la même chose se passe dans les cellules épidermiques voisines, et celles du parenchyme (d. h. des subepidermalen Gewebes), situées immédiatement au dessous de celles la, commencent en même temps à croître rapidement et à s'élever. Pendant l'accroissement du tubercule sa cellule apicale se divise d'une façon particulière. . . . . La cellule apicale, une fois partagée en deux par une cloison verticale, toujours quelque peu inclinée, se divise de nouveau par une autre cloison inclinée davantage, souvent tout-à-fait diagonale,

Was die Blätter betrifft, so liegen noch weniger Untersuchungen vor. Die oben untersuchten Blattbildungen: der Kelchwulst, die Krone (**1**, 3, 5—8 u. s. w.), Staubblätter (**1**, 6; **3**, 36; **5**, 3, 6 u. s. w.), Fruchtblätter, die ächten Bracteen (**8**, 33), stimmten alle völlig mit dieser Regel: zuerst wird eine Anzahl collaterale Reihen durch Quertheilungen erzeugt; später können die Zellen sich vielfach intercalar und unregelmässig theilen. Als ein Beispiel aus einer ganz anderen

---

mais presque toujours dirigée de la paroi supérieure à la paroi inférieure, rarement à celle d'une cellule latérale sous un angle quelconque. (90° par rapport à la première cloison verticale). Puis vient une troisième cloison fortement inclinée, quelquefois dans la direction presque transversale, s'appuyant par son bord inférieur sur le deux cloisons précédentes. . . . .›Par suite de ces divisions il se forme une cellule apicale pyramidale à trois faces dont la forme ainsi que la position à l'égard de trois cellules principales est pourtant encore sujette à beaucoup de modifications, à mésure de l'inclination de trois cloisons primitives. Dans les trois cellules principales, il se passe après toute une série de divisions transversales. On peut donc dire ici comme par rapport au Ribes sanguineum (bei Rauter pg. 13), »que »»dieser Gipfelzelle kann der morphologische Charakter einer Scheitelzelle jedoch nicht zuerkannt werden, da sie entweder gar kein oder nur 1—2 Segmente ohne bestimmte Folge abschneidet««. — Oder die Haare entwickeln sich folgendermassen: »La cellule apicale, au lieu de se diviser au moyen de cloisons diagonales et ensuite de cloisons transversales, se partage en deux par une cloison strictement verticale et parallèle à l'axe de la feuille; l'une des nouvelles cellules est de nouveau partagé par une cloison verticale, mais perpendiculaire à la première. Puis, dans chacune de ces trois nouvelles cellules, il se forme une série de divisions transversales et il en résulte une colonne à trois faces«. Es ist klar, dass diese Entwickelungsformen den z. B. bei *Senecio* beobachteten recht wohl entsprechen; in dem ersten (übrigens etwas unverständlich beschriebenen) Fall bildet sich, wenn ich es recht verstehe, eine Pseudo-Scheitelzelle und drei Zellen, die sich horizontal theilen; in dem anderen von Anfang an drei egale Zellen, und zwischen diesen Fällen giebt es vermittelnde Formen. Nichtsdestoweniger sagt Lund: »Les recherches de ce botaniste confirment en partie les miennes. En effet, d'après son exposé, quelquesuns de trichomes (appartenant à la même forme de trichome), se développent originairement par une cellule apicale absolue (de dégré different), tandis qu'en apparence ce n'est pas le cas avec d'autres. A vrai dire, ce qui manque principalement à M. Mayevski, c'est une vue de l'ensemble«. — Und doch wäre es für diesen Kritiker selbst wohl besser, erst einen noch genaueren Blick in die Natur zu machen, bevor es Zeit sein wird, nach einer »vue de l'ensemble« zu streben.

Sphäre, werde ich einige entwickelungsgeschichtliche Bruchstücke des Laubblattes von *Hippuris vulgaris* mittheilen (**9**, 1—7). Fig. 1 zeigt die Anlegung des Blattes durch Tangential-Theilung einer Anzahl (in der That einer elliptischen Gruppe) von Zellen der ersten Periblem-Schicht; Fig. 2 ein Blatt, wo in dem Median-Plane zwei der gebildeten Zellreihen bis zum Scheitel verlaufen (*n* und die, welche in *p* gipfelt; in welchem Verhältniss die Reihe *o*—*o* zu dieser steht, ist unklar); die Zellreihe *n*—*n* ist ungetheilt; auch die 2. Periblem-Schicht, *b*—*b*, hat sich getheilt. Fig. 3: ein anderes Blatt in optischem radialem Längsschnitte; neben der Reihe *o*—*o*, die sich vielleicht (?) unten spaltet, liegt ihr gegenüber eine andere völlig selbstständige Reihe *n*—*n*, die über *o* hingreift, und auf dieselbe Weise ist wahrscheinlich ihr Verhalten zu *m*—*m*, aufzufassen. Fig. 4 und 5 stellen ähnliche Schnitte dar; durch Spaltungen der Zellreihen nach unten und durch andere intercalare Theilungen, sowie durch häufiges Uebergreifen der Zellreihen, werden die typischen Verhältnisse immer mehr undeutlich; jedoch lassen diese Schnitte sich in völliger Uebereinstimmung mit den Pappus-Körpern sehr gut auffassen, und wenn man auf die jüngsten reinsten Zustände, wie Fig. 1, zurückgeht, müssen sie gerade so aufgefasst werden. Ganz ähnliche Bilder erhält man auch von den mächtigeren Pappus-Körpern, z. B. bei *Scorzonera*, (vergl. **3**, 11). Querschnitte der Blätter (Fig. 6) gleichen ganz denen der grösseren borstenförmigen Pappus-Körper (vergl. **1**, 8 mit **3**, 12 u. a. m.). Dagegen bieten Längsschnitte durch die Spitzen junger Blätter parallel der Fläche (**9**, 7), Bilder, die an die von Sadebeck und Prantl beobachteten und abgebildeten jungen Entwickelungszustände von Farrnblättern erinnern, sowie auch an die schuppenförmigen Pappus-Körper: **9**, 31; **2**, 25, 26. Die angelegten Zellreihen der jungen Blätter spalten sich an der Spitze des Blattes recht oft durch ⊥-Theilungen, wobei divergirende bogenförmig gegen die Peripherie verlaufende Zellreihen entstehen; es folgt hieraus natürlich, dass die radialen Längsschnitte älterer Stadien verschiedene Zellreihen überschneiden müssen, wodurch die weniger regelmässige Ordnung der Zellen auch erklärt wird. Soviel geht jedenfalls hervor, dass dieses Blatt in seiner Jugend vielen Metablastemen völlig gleich gebaut ist und wie diese wächst, und dass die Existenz einer Scheitelzelle des inneren Gewebes durch diese Entwickelungsweise ausgeschlossen ist. Es lässt sich sehr wohl auch diese

Wachsthumsweise (die der orthogonal-trajectorischen nahe steht) unter der Kategorie: der selbstständigen collateralen Zellreihen bringen.

Eine Menge anderer Blätter scheinen so ziemlich mit diesem übereinzustimmen, namentlich wird die Aehnlichkeit zwischen allen diesen verschiedenen Bildungen desto grösser, auf je frühere Entwickelungs-Stadien wir zurückgehen. Was aber noch wichtiger ist: bei dem Stengel und der Wurzel begegnen wir demselben Wachsthums-Modus. Es sind durch Untersuchungen zuerst von Hanstein (die Scheitelzellgruppe etc., Entwickelung des Keimes) später von vielen anderen, z. B. Schmitz (Blüthenentwickelung der Piperaceen in Hansteins Abhandl. 2 Bd.), Barcianu (Blüthenentwickelung der Onagraceen, Schenk und Luerssens Mittheil. 2 Bd.), Reinke (Wachsthum der Phanerogamen-Wurzel, Hansteins Abhandl. I. Bd.), Strasburger (Coniferen und Gnetaceen), mir selbst (Recherches sur la ramification, Bemerkungen über das Eichen in Bot. Ztg. 1874) u. a. neulich Treub wie so viele Beiträge zur Kenntniss der Wachsthums-Processe bei den höheren Pflanzen geliefert worden, dass ein allgemeiner Wachsthums-Modus sich daraus wohl abstrahiren lässt. Es scheint der zu sein: 1. wenn die niedrigsten Trichome ausgenommen werden, sind es immer mehrere collaterale Zellen, die den Grund zu den verschiedenen Gliedern legen. Das möchte ich auch in vielen Fällen annehmen, wo es angegeben wird[1]) und wohl auch wirklich vorkommt, dass Eine Zelle den Anfang macht, wenigstens wenn die Glieder eine grössere Grundfläche haben. 2. Die grundlegenden Zellen können der Epidermis gehören (viele Trichome, einige Blätter), oder dem tieferen Gewebe (die meisten Blätter, die Stengelanlagen, die Wurzelanlagen), oder sowohl jener als diesem. Die Tiefe, in welcher das Organ angelegt wird, und die Anzahl der in Arbeit versetzten Zellen, steht z. Th. mit der Mächtigkeit des Organs und mit seiner biologischen Bedeutung in Verbindung. 3. Je nach der Tiefe, in welcher ein Glied angelegt wird, werden keine oder eine verschiedene Anzahl von Zellschichten in die Höhe getrieben, indem ihre Zellen sich nur radial theilen (bei vielen Metablastemen keine, bei anderen — den Emergenzen — und bei den meisten Blättern, bei einigen Blättern und bei vielen Stengelanlagen 2 und mehr, bis 6, 7); die Wurzeln werden so tief angelegt, dass eine Durchbrechung erfolgen muss (aus-

1) Vergl. z. B. von Hänlein (Compositen), Barcianu (Onagrarieen).

genommen die in den peripherischen Strata angelegten Wurzeln von *Neottia*[1]). 4. Die zuerst ausgeführten Theilungen der Zellen sind tangential; setzen sie sich noch eine Weile fort, ehe andere eintreten, so kommt das Glied aus einer verschiedenen Anzahl verschieden hoher und entwickelungsfähiger relativ senkrechter und regelmässiger Zellreihen zu bestehen. Die Form der anzulegenden Glieder hängt von den intercalaren Theilungen ab. Wenn das Organ konisch zugespitzt ist (z. B. Wurzeln, Stengelgebilde, konische Trichome und Blätter, radiale Längsschnitte gewöhnlicher Blätter), so finden die Spaltungen der Zellreihen besonders nach unten zu Statt; es entstehen konisch zulaufende Zellenstränge, fast wie die Thallusspitzen einer *Delesseria Hypoglossum.* Ist das Organ dagegen stark seitlich ausgebreitet, wie viele Blätter, sind es vorzugsweise die Randzellen, die sich spalten und der terminale Vegetationspunkt wird in einen Rand-Kantenwuchs überführt, so lange peripherisches Wachsthum überhaupt Statt hat (vergl. *Stypopodium atomarium* in Nägeli und Schwendeners Mikroskop pg. 564). 5. Weil die ersten Theilungen überall von einer Anzahl collateralen Zellen ausgehen, und weil die einfachsten Glieder (wie viele Pappus-Körper, Spreuborsten) deutlich aus collateralen selbstständigen Zellreihen oder von solchen durch intercalare Theilungen abstammende Zellzüge (wie Thallus-Zweige einer *Delesseria Hypoglossum*) aufgebaut sind, dürfen wir auch berechtigt sein, einen ähnlichen Bauplan bei den complicirteren Gliedern anzunehmen. Es ist möglich, dass eine völlig unordentliche Allwärtstheilung wirklich bald bei vielen Organen eintritt und z. B. auch in vielen Stengelspitzen unter den Periblem-Schichten herrscht, aber es ist auch recht wohl zu denken, dass die Unordnung nur scheinbar so gross ist, wie sie sich oft zeigt, und dass es gelingen wird, in jeder Vegetations-Spitze z. B. eines Stengels oder einer Wurzel in dem Plerom mehrere collaterale (Initial-)Zellen nachzuweisen, die den Grund zu eben so vielen selbstständig verlaufenden nach unten durch intercalare Theilung dicker werdenden Zellzügen legen. Und möglich wäre es wohl noch, dass diese in Verhältniss zu den Procambium-Strängen ständen.

Es liegt ausser dem Plane dieser Arbeit, näher auf diese Fragen einzugehen, und die gerade angeführten Andeutungen müssen eben

1) Vergl. Warming, Sur les racines du *Neottia nidus avis*, in den „Videnskabelige Meddelelser", 1874.

nur als solche betrachtet werden; ein guter Grund ist schon durch Hanstein gelegt worden, Andere haben wichtige Beiträge geliefert, aber eingehende und umfassende Untersuchungen müssen angestellt werden, ehe es festgestellt werden kann, ob die Glieder der Phanerogamen nach einem einheitlichen Wachsthums-Modus aufgebauet werden, oder nach mehreren, und, im ersten Falle, ob nach dem oben angedeuteten. Besonders das Blatt der Phanerogamen dürfte wohl eingehende histiologische Untersuchungen verdienen; denn bisher ist es sehr stiefmütterlich behandelt worden [1]).

1) Noch muss ich in aller Kürze der grossen Arbeit Lunds: Essai sur l'unité und seiner zweiten, der „Anticritique", gedenken. Verfasser geht von dem Gedanken aus, dass weil die Kryptogamen durch Scheitelzellen wachsen, müssen wir solche auch bei den Phanerogamen erwarten, zwar nicht als monarchische, sondern unter höheren Formen eine in jeder Schicht und eine im Plerom; und er findet denn auch, dass alle Glieder der Phanerogamen und Kryptogamen durch Scheitelzellen verschiedenen Grades wachsen müssen. Es wird ferner weitläufig beschrieben und mit dem Gepräge der äussersten Zuverlässigkeit dargestellt, wie die Scheitelzellen sich theilen, und sich aus höheren in niedere Formen („Grade") verwandeln, Segmente durch sich schneidende Wände erst in 4 oder mehr Reihen, später in 3, zuletzt nur in 2 ablegen, und als Belege für diese Entwickelungsgeschichte werden Querschnitte von Pappus-Körpern, die wohl schon recht alt sind, abgebildet; gegen meine zweifelnde Bemerkungen (Vidensk. Meddel. 1872) wurde seine Antikritik gerichtet, in welcher ich, jedenfalls mit Worten, übel mitgenommen werde als einer der von Wissenschaft und wissenschaftlichen Methoden nichts weiss; »la conclusion de Mr. Warming est entièrement inexacte«, und es wird bewiesen, dass die Pappus-Körper von *Senecio* nicht nur durch eine Scheitelzelle wachsen, sondern nothwendigerweise durch eine solche wachsen müssen. (Siehe die Anticritique in den „Videnskabel. Meddelelser" und oben S. 41.) Lund erklärt aber, dass seine Arbeit nur eine vorläufige ist; wir können also grössere, mehr eingehende erwarten. „Mon intention, en publiant mon essai sur l'unité du développement dans sa forme préparatoire, n'a pas été de faire insérer quelques observations dans les protocoles de la science (diese Absicht hat er unstreitbar vollkommen erreicht), ni d'amener quelque lecteur crédule à accepter sans examen tel ou tel de mes résultats (hoffentlich hat er auch das erreicht); j'ai voulu simplement appeler l'attention sur le problème dont il s'agit (bedurfte es dazu 120 Seiten?), et provoquer, si possible, des recherches dans le sens indiqué". Auch dies ist erreicht, denn meine hier mitgetheilten Untersuchungen sind eben durch seine Arbeit hervorgerufen.

Laterale Bildungen am Pappus. Andere Metablasteme der Compositen.

Zu den allgemeinsten Erscheinungen bei den Pappus-Körpern gehört, dass die oberflächlichen Zellen an ihrem oberen Ende in eine zahnförmig hervorragende Spitze auslaufen, wodurch der Körper nach der Terminologie der Systematiker »rauh« wird (7, 25, 27, 23; 6, 28); besondere vorbereitende Theilungen finden hierbei nicht Statt. Solche Zähne finden sich bei z. B. *Aster*, *Linosyris*, *Erigeron*, *Tussilago*, *Mulgedium*, *Ligularia*, *Hieracium*, *Hypochoeris*, und gewiss allen anderen Gattungen. Bei *Antennaria* wird das keulenförmige Ende des Pappus-Körpers in den männlichen Blüthen durch ähnliche starke Ausbuchtungen der Zellen (nicht durch besondere Flügelbildung, wie Lund es will) zu Stande gebracht. Bisweilen laufen auch die unteren Zellenden zahnförmig aus und bilden mit jenen, von den oberen Enden kommenden, oft ziemlich unregelmässige ausgebuchtete Doppelzähne wie die 6, 18c abgebildeten; solche finden sich, wie es scheint, allein gegen den Grund der Pappus-Körper.

Diese Zahnbildungen können bisweilen wie bei *Helichrysum bracteatum* W. länger werden, aber eigentliche längere Haare bilden sie doch nicht, so viel bisher beobachtet[1]).

Bei anderen lateralen Haar- und Zahnbildungen finden specielle vorbereitende Theilungen Statt; eine Oberhautzelle theilt sich durch eine in Relation zur Axe des Pappus-Körpers quergehende, von innen nach aussen aber abfallende Wand in zwei (2, 3, 2; 3, 22), und die obere der beiden Tochterzellen (*t* in 22, Taf. 3) streckt sich radial, ohne parallel der Axe des Haares ferner bedeutend zu wachsen, und wächst zu einem langen gewöhnlich einzelligen Haare aus; die untere Tochterzelle dagegen streckt sich in der Richtung der Längsaxe, und wächst gewöhnlich an seinem oberen Ende zahnförmig aus; jene Haare scheinen daher wie in der Achsel eines solchen Zahnes zu sitzen. So ist es bei *Hypochoeris*, *Picris*, *Cirsium*, *Leontodon*, *Thrincia*, *Helminthia* (der Grund jedes langen Haares scheint hier eigenthümlich zur horizontalen Ausbreitung des Haares eingerichtet zu sein). Bei *Tragopo-*

1) Vergl. auch Weiss; die Pflanzenhaare, in Karstens botan. Untersuchungen p. 548. 545. 521. 532. 497.

gon und *Scorzonera* fand ich mehrzellige einreihige Haare (3, 31, 32). Dieselben vorbereitenden Theilungen finden auch bei *Carduus* und *Lappa* und gewiss auch bei *Silybum* Statt, aber die angelegten Haare wachsen nur äusserst kurz aus; die Pappus-Körper werden »rauh« aber zum Theil auf andere Weise als gewöhnlich.

Bei einer Anzahl Cynareen-Gattungen (*Carlina*, *Atractylis*, *Staehelina* u. a.) kommen starke laterale Bildungen an den Pappus-Körpern vor, über die ich weiter unten zu sprechen komme; ihre Entwickelungsgeschichte kenne ich nicht[1]).

Als ein Paar Beiträge zur Kenntniss der Haarbildungen bei den Compositen, über welche man an verschiedenen anderen Stellen Beobachtungen aufgezeichnet finden wird, z. B. bei Weiss[2]), Decaisne[3]), Rauter[4]), werde ich folgende Beobachtungen anführen.

---

1) Ich darf den Pappus nicht verlassen, ohne der von Lund entdeckten Lateral-Haare an den Pappus-Körpern von *Sonchus*, *Antennaria*, *Senecio*, *Taraxacum* und *Lactuca* zu gedenken, deren Entwickelung, so wie ihre nur auf dem Theile des Pappus-Körpers, der innere Zellen hat, stattfindende Entstehung und ihre nur auf bestimmte Weise sich theilende Scheitelzelle u. s. w. sehr schön von ihm dargestellt wird, und die bei *Sonchus* und *Antennaria* so deutlich sein sollen, dass man sie mit dem blosen Auge sehen kann, daher „es sehr merkwürdig ist, dass Niemand vor ihm sie entdeckt hat.“ Bilder solcher mit Lateral-Haaren versehenen Pappus-Körper werden geliefert; bei *Sonchus* entspringen sie sogar in bedeutender Höhe auf den Hauptstämmen. Lund muss hier mehrere Pappus-Körper zu einem „Ensemble“ zusammengekleistert haben, und »à vrai dire, ce qui manque, a M. Warming c'est une vue de l'ensemble« meint er wohl von mir wie von Mayevsky, — oder auch verstehe ich gar keine Beobachtung zu machen; denn, heisst es: toutes les observations qui concernent cette question sont tellement simples, que toute personne tant soit peu apte aux recherches pourra facilement les vérifier. Qu'on poursuive donc cette étude! J'engagerai specialement M. Warming à reprendre mes principales recherches (le nombre n'en est pas grand) avant d'aborder de nouveau cette question!« (Antikritik pg. 26). Trotzdem, dass die Beobachtung so leicht sein soll, existiren solche Haare doch nicht, denn vereinzelte Spaltungen der Pappus-Körper, besonders an *Antennaria*, kann Verf. nicht gemeint haben.

2) Die Pflanzenhaare, in Karsten's Botanische Untersuchungen. 1867.

3) Sur la structure des poils, qui couvrent le péricarpe de certaines Composées. Ann. d. sc. naturelles, 2 Sér., 13, (1839), pg. 251.

4) Zur Entwickelungsgeschichte einiger Trichomgebilde. Wiener Akademie. 1871.

Eine häufig vorkommende Form von Glandel-Haaren ist die 7, 10 abgebildete; sie sind kurz und dick keulenförmig, bestehen aus zwei Zellreihen, haben gewöhnlich einen gelblichen Inhalt, und wahrscheinlich rührt der aromatische Geruch vieler Compositen von diesen Haaren her. Sie treten an den Kronen, Ovarien und auch anderen Theilen der Pflanze auf, z. B. bei: *Tanacetum*, *Grangea*, *Pyrethrum*, *Anacyclus*, *Chrysanthemum*, *Helenium*, *Conoclinium*, *Lappa*, *Centaurea Scabiosa* und *Jacea* u. a.

Nach demselben Typus gebaut, aber nicht mit drüsenhaar-artig aufschwellenden Zellen finden sich ebenso sehr gemein Haare, wie Fig. 34, Taf. 5, an besonders der Krone von *Dahlia*, *Erigeron*, *Centaurea Cyanus*, *Aster*, *Bellis*, *Gnaphalium*, *Antennaria* u. a.

Diese verschiedenen Haare scheinen immer durch radiale Theilung einer Epidermis-Zelle und zwar durch eine horizontal-radiale Wand zu entstehen, so dass die zwei das Haar bildende Zellreihen in eine senkrechte Ebene zu liegen kommen. Die trennende Wand hat also dieselbe Orientirung wie diejenige, durch welche die Haare der gefiederten Pappus-Körper angelegt werden. Die Querwände der beiden Zellreihen liegen gewöhnlich sehr schön in Alternation mit einander, woraus ein oberflächlicher Untersucher vielleicht schliessen würde, dass das Haar durch eine zweischneidige Scheitelzelle aufgebauet worden ist. Bei diesen Haaren fand ich selten Pseudo-Scheitelzellen. Bisweilen fand ich einen deutlichen Spitzenwachsthum, indem nur die obere Zelle jeder Reihe die theilungsfähige war, bisweilen scheint aber das umgekehrte Statt zu haben, indem die unteren Wände die dünneren waren.

Demselben Typus wird man auch die weit einfacheren Haare anreihen müssen, die sich auf den Ovarien finden. Sie werden auf die nämliche Weise angelegt (5, 35: Oberflächenbild des Ovarium), aber es treten sehr wenige (eine einzige) oder gar keine Querwände in den beiden angelegten Zellen auf (5, 12; die mit 2 bezeichnete Wand kommt gewöhnlich nach 1), und das Haar besteht schliesslich aus 2 collateralen Zellen, oder aus zwei Zellreihen, die je aus einer oberen sehr langen und einer unteren weit kürzeren Zelle bestehen, oder aus einer Zelle und einer damit parallelen, 2-zelligen Reihe. Die Zellwände werden gewöhnlich fest, recht dick; die Haare laufen in zwei Spitzen aus, die sich wie bei *Aster Tripolium* haken- oder ankerförmig nach jeder Seite biegen können. Solche Haare fand ich ferner bei *Senecio vulgaris, Grangea, Erigeron* (unter dem Kelche werden sie mehr complicirt und pappusähnlich), *Gaillardia, Helenium, Helipterum Sandfordii* Hook., *Pulicaria undulata* DC., *Linosyris, Gnaphalium silvaticum, Bellis, Carlina* u. a. Cassini erwähnt sie als »biapiculées ou comme échancrées au sommet, parce qu'ils sont formés de la réunion de deux poils soudés ensemble« (Opuscules, I, 222).

Alle diese Haare gehören offenbar einem Typus.

Andere Haarbildungen kommen auch vor, z. B. köpfchenförmige Glandel-Haare bei *Sonchus, Hieracium* u. a.; lange einzellige auf dem Ovarium von *Centaurea*-Arten, oder kurze papillenförmige auf dem Ovarium von *Gnaphalium Vira-vira* Molin; aus einer Zellreihe gebildete Haare finden sich bei *Bidens* an der Krone und dem Involucrum, bei *Dahlia, Zinnia* u. a.

Noch verdienen hervorgehoben zu werden die wulst-, warzen- oder fast hakenförmigen Hervorragungen an den Ovarien vieler Gattungen, z. B. *Lappa*, wo sie als dicke unregelmässige Wülste quer über das Ovarium verlaufen; *Taraxacum*, wo sie mehr warzenförmig sind und sich in Längsreihen ordnen, die sogar hier und da recht deutlich mit einander alterniren, so dass eine jedoch nicht constante Wirtelbildung zu Stande gebracht werden kann (**6**, 35); *Hypochœris*, wo sie mehr kegelförmig und spitz sind, *Leontodon* u. a. Wo ich die Genese dieser Processe untersuchte, fand ich, dass sie Emergenzen sind, die durch Tangential-Theilungen einer grossen Anzahl von Zellen der ersten, bisweilen auch der zweiten subepidermalen Schicht entstehen (**4**, 30: Längsschnitt durch das Ovarium von *Lappa*). Durch tangentiale Theilungen der Zellen bilden sich senkrechte Reihen, und das Organ hebt sich hervor; es folgt sehr deutlich dem oben geschilderten Wachsthums-Modus vom Pappus. Sie treten in basipetaler (*Lappa, Leontodon*), oder in basi- sowohl als akropetaler *(Hypochoeris)* Folge hervor.

Gelegentlich werde ich auch erwähnen, dass die Ovarial-Wand bisweilen ungeheuer reich an schön ausgebildeten Krystallen ist, z. B. bei *Centaurea Jacea, Gnaphalium Vira-vira, Helichrysum foetidum, Cichorium Endivia* und anderen, die ich nicht aufgezeichnet habe; fast jede Zelle in einem gewissen Stratum ist krystallführend. Auch im Pappus, aber selten, kommen solche Krystalle vor, z. B. im Grunde des Pappus von *Helenium tenuifolium*. Der eigenthümliche Bau vieler Epidermis-Zellen im Ovarium von *Matricaria discoidea* ist früher von Al. Braun (Botan. Zeitung 1852, 653) untersucht worden.

Definition von Trichom (Hanstein) oder Metablastem (Celakovsky).

In 4. Auflage seines Lehrbuchs (1874) p. 164 kritisirt Sachs meine Eintheilung der Trichome in zwei Unterarten: Emergenzen und Haare (siehe meine: Sur la difference entre les trichomes et les épiblastèmes d'un ordre plus elevé, in »Videnskabel. Meddelelser«, Kopenhagen 1872), und hält dieses »wenn auch nicht für falsch, so doch für unzweckmässig, weil dann jede Definition des Begriffs: Trichom ganz unmöglich wird; scharf definirte Begriffe sind aber das erste und unentbehrlichste Requisit der Wissenschaft.« Ich glaube, dass Sachs hier nicht völlig Recht hat, und namentlich, dass, weil die Definitionen immer nach den Fortschritten der Wissenschaft zu ändern sind, so auch hier der Begriff Trichom etwas anders zu fassen ist. Wenn es sich jetzt zeigt, dass eine Menge von Organen bei den Phanerogamen, die als selbstständig differenzirte Glieder über die Oberfläche des Pflanzenkörpers hervortreten, und die weder Phyllome, noch Kaulome und Wurzel sind, sich von den Trichomen nur dadurch unterscheiden, dass sie eine höhere anatomische Ausbildung erreichen, dann müssen wir den Begriff: Trichom anders fassen als früher. Seine Definition wird gar nicht unmöglich, der Hauptpunkt wird sogar völlig unberührt. Die Emergenzen der Phanerogamen sind zwar Uebergänge zu den höheren Epiblastemen, aber nur in anatomischem Sinne. Der anatomische Ausbildungsgrad steht ja aber mit der Function in innigster Beziehung; die anatomisch vollkommnere Ausbildung der Emergenzen kann dann auch nicht als Grundlage für ihre Definition als morphologische Glieder dienen, und um sie von den Trichomen, d. i. im Sinne Sachs' den aus der Epidermis entstehenden Auswüchsen zu trennen. Der Begriff des Trichoms (Metablastems) liegt etwa in Folgendem:

1. Das Trichom ist ein seitliches Anhangsgebilde, das sowohl an Kaulomen, Wurzeln und Thallomen, als an Phyllomen und anderen Trichomen entstehen kann.

2. Das Trichom entsteht nicht auf Vegetations-Punkten, die in reger Thätigkeit sind (Ausnahme z. B. *Utricularia*); dagegen kann es

auf erlöschenden Vegetations-Punkten und selbst terminal auftreten, und thut dies besonders häufig bei Phyllomen.

3. Es kann fern von jedem Vegetations-Punkt und ohne Relation zu einem solchen auf schon völlig differenzirten Gliedern auftreten. Es ist eben das Gewöhnliche, dass es spät, an älteren Organen entsteht.

4. Das Trichom entsteht gewöhnlich in völlig unregelmässiger Folge, durch Interposition; seltener in acropetaler (bei Wurzeln z. B.) oder basipetaler (an secundären Vegetations-Punkten z. B.) Folge. Je mächtiger die Trichome eines Gliedes ausgebildet werden, und je bestimmter eine bestimmte Entstehungsrichtung vorherrscht, desto regelmässiger werden die Stellungsverhältnisse (vergl. unten: die Stellung der Pappus-Körper).

5. Das Trichom ist eine exogene Bildung; es nimmt seinen Ursprung entweder von den oberflächlichen Zellen (es sei eine Epidermis differenzirt oder nicht; Haare) oder von den tiefer liegenden (Emergenzen) oder von beiden zugleich. Die Tiefe, in welcher es angelegt wird, steht gewöhnlich mit ihrer späteren Mächtigkeit und Function in Verbindung. Es kann eben so hoch anatomisch ausgebildet werden, wie viele Phyllome. Dass es völlig unthunlich ist, die anatomisch einfacheren Organe von den anatomisch höheren zu trennen, zeigen besonders schön die Compositen.

6. Das Trichom hat ein begrenztes Wachsthum; es stellt bald sein Wachsthum ein, und sein Leben (Function) ist gewöhnlich von kurzer Dauer.

7. Das Trichom ist das erste differenzirte Glied des Pflanzen-Körpers (Thallus) und das niedrigste. Seine Entstehung geht bis in die Thallophyten zurück.

Wo ein Organ zweifelhaften Werths vorliegt, ist seine Werthbestimmung aus der Summe der hier berührten Haupt-Punkte zu erledigen; reichen sie nicht hin, so muss der Vergleich mit den nächst verwandten in Betracht gezogen werden, um die Abstammung zu erleuchten und dadurch den morphologischen Werth.

Ueber den Begriff Trichom herrscht, wie es scheint, häufig Unklarheit. Wenn man so hie und da lesen kann: dies oder jenes Organ (z. B. Integumente des Ovulum) entsteht in der Epidermis, ergo ist es ein Trichom, — dann ist dieser Schluss falsch. Das Organ ist ein Trichom, wenn sein trichomatischer Ursprung dargethan werden kann, es ist aber ein Phyllom, sei es anatomisch auch noch so haarähnlich und niedrig entwickelt, wenn sein Ursprung auf ächte Phyllome zurück geführt werden kann. Wenn man mit wenigen Worten bezeichnen wird, dass ein Glied in der Epidermis oder in dem subepidermalen Gewebe angelegt wird, ist es zwar sehr bequem die Ausdrücke — »Trichom« — »Emergenz« benutzen zu können, aber dadurch kommt man von der Bedeutung dieser Wörter zu leicht weg, und man sollte höchstens nur: trichomartiger, emergenzartig oder ähnliche Ausdrücke gebrauchen, womit Nichts über den morphologischen Werth des Gliedes gesagt wird. Sollte es allgemein vorgezogen werden, das Wort »Trichom« sensu strictiori zu gebrauchen, dann wird es nothwendig eine für Trichome und Emergenzen gemeinsame Bezeichnung zu haben, und zwar scheint mir dann das Celakovsky'sche »Metablastem« das glücklichste zu sein. (Vergl. übrigens auch Al. Braun: Die Frage nach der Gymnospermie der Cycadeen, pg. 344).

3. Zahl und Stellung der Pappus-Körper.

Schon oben ist erwähnt, dass die Pappus-Körper unterhalb der Krone zum Vorschein kommen, und zwar an der Stelle, wo der Kelch zu erwarten ist. Entweder (*Cirsium*-*Tragopogon*-Typus) treten die ersten unmittelbar auf der Axe hervor, und die folgenden alle auf einem ringförmig sich erhebenden Wulst, der jene ersten vereinigt, oder (*Senecio*-*Lactuca*-Typus) sie treten alle auf einem solchen hervor. Sie entstehen fast immer in basipetaler Folge; Ausnahmen davon waren früher nicht bekannt, doch sind *Lappa, Lactuca*, und weniger ausgeprägt *Senecio* (bei welcher Magnus es zuerst entdeckte und mir mittheilte) solche: hier entstehen die Pappus-Körper sowohl in basipetaler als akropetaler Folge, und zugleich werden jüngere mitten zwischen älteren intercalirt. — Näheres hierüber unten.

Ueber die specielleren Zahl- und Stellungsverhältnisse werde ich erst eine Reihe Beobachtungen mittheilen, die an zufällig gegriffenen Species angestellt worden sind; nachher fasse ich die Resultate dieser Untersuchungen zusammen.

A. Ich beginne mit Gattungen, die nur eine kleine Zahl von (starken, an den Ecken des Ovarium gestellten) Pappus-Körpern besitzen (*Bidens*-Typus)[1]).

Bidens. Gewöhnlich finden sich nur zwei der bekannten, mit Widerhaken versehenen Pappus-Körper. Ihre Stellung ist die gewöhnlicher Vorblätter: links und rechts (7, 38, 39), zwischen den vorderen und lateralen Staubblatt-Fibrovasal-Strängen. In vielen Fällen, z. B. bei *B. leucantha* W. und anderen, findet man mehr als diese zwei, die aber immer, es möge welche Zahl von anderen vorhanden sein, die nämliche Stellung behaupten. Die hinzukommenden, die fast immer kleiner sind, stellen sich auf sehr verschiedener Weise: kommt nur ein Pappus-Körper hinzu, steht er 1) bald in der Mediane nach hinten (7, 39), 2) bald median nach vorn, 3) oder seitlich vor der Mediane nach hinten oder nach vorn. Ferner habe ich folgende Stellungen beobachtet:

4) ein Körper median nach hinten, und einer median nach vorn,

5) zwei nach hinten dicht neben einander und beide seitlich vor der Mediane,

6) dasselbe mit einem median nach vorn,

7) einer median nach hinten, und ein kleiner neben ihm, oder auf seinem Grunde,

8) dasselbe mit einem median nach vorn,

9) einer schief nach hinten rechts, ein anderer schief nach vorne links,

10) einer median nach hinten, ein anderer median nach vorn, und ein zahnförmiger kleiner auf dem vorderen Grunde einer der zwei grossen lateralen,

1) Wenn ich hier die Gattungen unter A, B, C, D in 4 Gruppen vertheile, geschieht es nur der leichteren Uebersicht wegen, nicht dass ich meine, diese Gruppen seien scharf getrennt oder auf irgend eine Weise mit den systematischen Gruppirungen zusammenfallend.

11) dasselbe, nur mit dem zahnförmigen auf dem hinteren Grunde der grossen,

12) dasselbe, nur tritt der zahnförmige grösser und selbstständiger auf; dadurch kommt man zu: ein median nach hinten und nach vorn, ein diagonal zwischen ihnen und den lateralen grossen,

13) endlich habe ich auch 6 Pappus-Körper gefunden, nämlich zwei laterale, zwei mediane und zwei diagonale.

Hieraus geht hervor, dass nur die beiden lateralen constante Stellung haben, die anderen eine sehr unconstante, und dass keine von diesen so bevorzugt ist, dass er immer vorhanden wäre, wenn 3 oder mehr entwickelt sind. Hervorzuheben ist, dass ich wohl oft eins nach hinten, also auf dem Platze des 2. Kelchblattes gefunden habe, selten andere bestimmt auf den Plätzen der lateralen Kelchblätter (4 und 5), und nie genau auf den der zwei vorderen. Die Grössenverhältnisse der überzähligen sind sehr verschieden.

Aehnliche Beobachtungen sind schon früher publicirt, z. B. von Buchenau (Senckenb. 118) und Reichenbach (Icones florae Germanicae, tab. 942: *Bidens cernua* mit 4, *B. tripartita* mit 3; im Texte heisst es: *B. cernua* . . . achaeniis compresso-tetragonis . . . pappo 4-aristato). Die grossen Pappus-Körper werden vor dem Kelchwulste angelegt.

Coreopsis tinctoria. Die Stellung der zwei Pappus-Körper wie bei *Bidens* (7, 37). Andere Zahlen kenne ich nicht. Sie werden nach Köhne »fast gleichzeitig mit den freien Corollen-Zipfeln sichtbar«.

Dahlia verhält sich wie die beiden vorhergehenden, mit welchen sie auch darin übereinstimmt, dass alle Theile des Köpfchens durch Kali mehr oder weniger intensiv rothbraun gefärbt werden (wahrscheinlich wegen Gerbsäuregehalts). Sie haben alle »achaenia a dorso compressa«, und die Stellung der Pappus-Körper ist in Uebereinstimmung hiermit lateral, wenn sie überhaupt zur Entwickelung kommen (bei *Dahlia* wird oft nur ein Ringwulst gebildet); wenn die Achänien mehreckig werden, kann auch eine entsprechend grössere Zahl von Pappus-Körpern gebildet werden.

Zinnia. In den Randblüthen, deren Ovarium dreieckig ist mit einer Kante nach hinten, findet man 1, 2, 3 Pappus-Körper, den Ecken des Ovariums entsprechend, wenn das Ovarium nicht ganz pappuslos ist. Die hintere Seite ist die bevorzugte: ihr Pappus-Körper ist der grösste und der constantest vorhandene; seine Stellung ist genau vor dem Kronblattzwischenraume (2, 30). Die Pappus-Körper sind nicht immer in derselben Höhe inserirt. In den inneren Zwitterblüthen stehen die Pappus-Körper median nach hinten und nach vorne, ebenso den Ecken des von der Seite zusammengedrückten Ovarium entsprechend; der hintere ist weit stärker als der vordere (2, 32—35) und wird zuerst angelegt und zwar, ehe noch Spuren eines Kelchwulstes vorhanden sind (2, 32, 33, 34). Dieser entwickelt sich etwas weiter, während er bei den Randblüthen vielleicht gar nicht vorhanden ist, wenigstens sehr unbedeutend.

Helianthus. Die Pappus-Körper der inneren Blüthen stehen median vorn und hinten, wenn die Früchte von der Seite zusammengedrückt sind; sind sie mehr 4-eckig, kommen auch bis zwei kleine zwischenliegende zum Vorschein. Die Pappus-Körper, besonders die grossen, zeigen Neigung sich zu theilen, und bisweilen geht dies so tief, dass selbstständige kleine gebildet werden und neben ihnen zu stehen kommen. Bei den sterilen Randblüthen ist das Ovarium dreieckig und etwas von vorn nach hinten zusammengedrückt; sie haben drei dünne, stark getheilte Schuppen (vergl. auch Köhne, p. 33). Nach Hänlein können sie auch gar keine haben. Nach Köhne entstehen die Pappus-Körper lange vor den Stamina, »man kann sogar fast sagen, gleichzeitig mit dem Erscheinen der freien Zipfel der Petala« was mit ihrer Grösse sehr wohl in Einklang ist. (Ueber *Helianthus* vergl. auch Duchartre, Ann. d. sc. 2 Sér., 16; Buchenau, Senckenb. 119; Sachs, Lehrb. 3. Ausg. 487).

Nach Köhne haben auch die verwandten Gattungen *Actinomeris* und *Ximenesia* zwei in der Mediane liegende Pappus-Körper, und es lassen sich in den systematischen Handbüchern leicht viele andere auffinden mit derselben Zahl von Pappus-Körpern, bisweilen mit einigen kleinen intermediären, und, so viel sich aus den Diagnosen sehen lässt, ähnlichen Stellungen von diesen: *Helianthella, Podachaenium* und *Spilanthes* (wo *Bidens*-Stellung in den Strahlblüthen, mediane Stellung in den Central-Blüthen vorkommt), *Salmea, Heterospermum* u. s. w. Ueberall steht die Stellung der starken Pappus-Körper in Relation zu den Kanten des Ovarium, d. h. sie stehen, wo am besten Platz ist.

Eine Form, die hier Platz finden kann, ist *Tagetes;* gewissermassen verbindet sie die mit Corona versehenen Gattungen mit denjenigen, die freie Pappus-Borsten haben, die, welche wenige Pappus-Körper haben, mit denen, die viele haben. Der Kelchwulst ist mehr oder weniger genau pentagonal, und die Ecken stehen, so weit die umgebenden Blüthen es erlauben, vor den Staubblättern; dieses geht aus 7, 19 deutlich hervor. Es tritt schnell eine ungleich starke Entwickelung ein: eine der vorderen zwei Ecken, die den Kelchblättern 1 und 3 entsprechen würden, oder alle beide wachsen stärker aus: 7, 17, 18 (*a* und *b*) und werden lange, lineär-lancetliche Blättchen, mit Fibrovasal-Strängen versehen, die sogar eine Art Knospenlage haben können, während die anderen Ecken mit dem verbindenden Wulste zu einer mehr oder weniger getheilten steifen Membran auswachsen: 7, 15, 16. Legt man Schnitte quer durch die Blüthen, so erhält man Bilder, wie Fig. 20 und 21, wo *a* und *b*, sowie in Fig. 17 und 18, den freien, langen Blättchen bezeichnen [in 21 ist *b* weggefallen]. — Es kommt nach älteren Blüthen zu urtheilen vor, dass nur ein Blättchen vorhanden ist und zwar median nach vorne steht, was sich aus den Druckverhältnissen ableiten lässt; auch habe ich gesehen, dass eine kleine, zahnförmige Borste zwischen den grossen, lancetlichen stehen kann wie eine Commisural-Bildung.

B. Gattungen mit starken Pappus-Körpern, von denen als Regel einige terminal auf den Kelchblättern stehen oder diesen selbst entsprechen (*Cirsium-Tragopogon*-Typus).

Catananche coerulea. 5 Pappus-Körper sind hier das gewöhnlichste; von 23 Blüthen hatten 20 fünf, 2 sechs und 1 sieben Pappus-Körper. Wenn fünf entwickelt waren, standen sie vor den Staubblättern, doch nicht immer genau; wenn 6 und 7, waren sie mehr unregelmässig gestellt und hatten nicht gleiche Divergenz-Winkel; in einer Blüthe mit 6 fand ich zwei nach hinten, zwei nach vorn, so weit sich aus der erwachsenen Blüthe sehen liess. Die Deckung der Ränder zeigt, wie Köhne (pg. 31) bemerkt, »keine bestimmte Regel«.

Gaillardia soll ebenso, nach Köhne (pg. 31), sowohl fünf vor den Staubblättern stehende Pappus-Blättchen, als 6 (und mehr), die nicht regelmässig vertheilt sind, haben. Unter 70 Blüthen fand ich 36 mit fünf, 28 mit sechs, 4 mit sieben und 2 mit acht Pappus-Körpern; die

Divergenz-Winkel waren oft ungefähr gleich, oft ungleich; ganz junge Zustände kenne ich doch nicht. Sie decken einander mit den Rändern ohne feste Regel: gewöhnlich ist einer ganz frei, einer neben diesem ganz gedeckt.

Xeranthemum annuum schliesst sich den beiden letzten an; Buchenau sagt (Senckenb. 121): »wir finden hier gewöhnlich 5 . . . Schuppen. Aber schon ihre durchaus nicht regelmässige Vertheilung an der Axe, sowie die auffallende Erscheinung, dass sich bei dieser Gattung bis zu zehn solcher Organe finden . . .« Ich habe ähnliche Zahlverhältnisse wie bei den vorigen gefunden.

Helenium tenuifolium. Ich fand unter 26 aufs Gerathewohl ergriffenen Blüthen 18 mit sechs, 2 mit fünf, 6 mit sieben Pappus-Körpern. Die Divergenzen sind gewöhnlich ungleich, zwei stehen einander oft näher, und ein ist bisweilen etwas tiefer inserirt, als die anderen. Es kommt dann bisweilen vor, dass kein Pappus-Körper genau vor einem Staubblatt steht. Sie werden alle fast gleichzeitig angelegt, und zwar früher als ein verbindender Wulst vorhanden ist (**4**, 31, 32).

Palafoxia Texana. Unter 21 Blüthen fand ich 8 mit zehn, 7 mit neun, 2 mit elf, 2 mit zwölf, 1 mit acht, 1 mit dreizehn Pappus-Körpern (vergl. **8**, 24). Sie werden zu ungleicher Zeit angelegt; erst gewöhnlich fünf, die oft ziemlich genau vor den Staubblättern, oft sehr ungenau, ganz wie bei *Tagetes* und vielen anderen, und diese werden auf der Axe selbst angelegt; nach und nach werden die anderen zwischen ihnen interkalirt, aber oft durchaus ohne Regelmässigkeit, und die Divergenzen sind äusserst ungleich. Die Pappus-Körper sind auch nicht gleich tief von einander getrennt.

Thrincia hispida verhält sich ähnlich. Erst werden in den inneren Blüthen 5 Pappus-Körper angelegt, und zwar bisweilen recht regelmässig wie fünf normal gestellte Kelchblätter (**4**, 33); dann werden gewöhnlich 5 andere interkalirt, so dass ein 10-gliedriger Wirtel gebildet wird: **4**, 34, 35; in diesen beiden Figuren ist die regelmässige Stellung nicht vollkommen, und grössere Unregelmässigkeiten kommen vor. Die Randblüthen haben eine andere Pappus-Bildung als die Scheibenblüthen; ich kenne ihre Entwickelung nicht.

Die verwandte Gattung *Leontodon* verhält sich auf etwas andere Weise. Bei *L. hispidus* fand ich 10, 12, 13, 14, 15, 16 Pappus-Körper, die mehr oder weniger genau einen Wirtel bilden, und ausserhalb dieses einige kleinere (**9**, 16). Bei *L. autumnalis* in erster Reihe 15, 16, 17, 18, 20 und 21, sonst verhält sie sich ebenso. Sie entstehen zu verschiedener Zeit; die ersten, wenn es der Platz erlaubt, vor den Staubblättern, doch nicht so selbstständig wie bei den früheren Gattungen, indem sie eher an den starken Ecken des Kelchwulstes entstehen als auf der Axe selbst. Die Ecken in Fig. 14, **9** sind noch nicht die eigentlichen Pappus-Körper; diese werden erst auf ihnen zum Vorschein kommen; doch da sie den grössten Theil der gebildeten Ecke verbrauchen, ist die Differenz zwischen diesem Fall und den vorhergehenden äusserst gering. Am deutlichsten fand ich bei *L. autumnalis* einen 5-eckigen Kelchwulst ringsum angelegt, ehe die eigentlichen Pappus-Körper zum Vorschein kommen. Oft ist die Regelmässigkeit weniger gross, und 6 Pappus-Körper können fast gleichzeitig und mit ungleichen Divergenzen angelegt werden. — Die zuerst zukommenden Pappus-Körper werden zwischen den ersten interkalirt, und zwar sehr unregelmässig: **9**, 15, wo vier Hauptzipfel mit Kreuz bezeichnet sind (welcher als der fünfte zu bezeichnen ist, bleibt unsicher), und im Ganzen 15 Pappus-Körper in erster Reihe angelegt werden; die später zukommenden stellen sich ausserhalb dieses.

Die verwandte *Kalbfussia Mülleri* Schultz hat 10 (—12) am Grunde stark verbreiterte Pappus-Körper.

Stenactis. Der Kelchwulst hat breite Ecken bald vor den Staubblättern, bald unregelmässig an anderen Stellen. An diesen Ecken entstehen die ersten Pappus-Körper, die im Verhältniss zu den Ecken stark sind, und bisweilen scheint eine Ecke (wie bei *Leontodon*) ganz als Basis für einen solchen verbraucht zu werden. Es scheint das Häufigste, dass zuerst 5 Pappus-Körper entstehen, und dass zwischen je zweien von diesen 1 oder 2 oder 3 neue angelegt werden; aber es kommen sehr grosse Abweichungen hiervon vor. In erster Reihe fand ich 15—21; ausserhalb diesen einige andere.

Conoclinium janthinum hat nur einen Pappus-Wirtel, in welchem ich 19, 21, 22 Körper zählte. Der Kelchwulst ist ringsherum angelegt, ehe die Pappus-Bildung beginnt; seine mehr oder weniger deutlich hervortretenden breiten abgerundeten 5 Ecken stehen, wenn der Platz es erlaubt, vor den Staubblättern (**4**, 36).

Erigeron acre. Der Kelchwulst erzeugt schneller als bei vorhergehendem die Pappus-Körper; diese entstehen zu ungleicher Zeit und sehr unordentlich; ordnen sich doch so ziemlich in einen Wirtel, aber mit sehr ungleichem Divergenz-Winkel. In diesem Wirtel zählte ich 18—23; wenige bilden sich deutlich ausserhalb diesem. An ganz jungen Blüthen habe ich 4—5 lange (7, 28, 29) und zwischen je zwei von ihnen 2—3 kurze gefunden. Hinstreben nach Alternation kann deutlich ausgesprochen sein (7, 29).

Helminthia echioides. In einem ersten Wirtel, doch mit denselben Unregelmässigkeiten wie bei den vorigen Gattungen, stehen 20—26 Pappus-Körper. Sie verhält sich fast wie *Leontodon;* der Kelchwulst wird nach meinen vorliegenden Beobachtungen wenig vor dem Hervortreten der speciellen Pappus-Körper angelegt; er ist eckig und dicker an gewissen Stellen, die gewöhnlich ungefähr vor den Staubblättern liegen, und an diesen Ecken fängt die Pappus-Bildung früh an. Mehrere Körper werden gleichzeitig gebildet, aber ich fand weder eine bestimmte Zahl, noch bestimmte Divergenz-Winkel; die folgenden werden in unbestimmter Weise zwischen den ersten interkalirt. Ausserhalb dieser ersten Wirtel entstehen zerstreut einige kleinere Pappus-Körper.

Tussilago Farfara. Die Pappus-Körper bilden fast einen Wirtel mit ungleichen Divergenzen; doch stehen sie nicht genau auf derselben Höhe, bisweilen sind sie eigentlich zickzackförmig gestellt. Ihre Zahl fand ich von 14—26; in den männlichen Blüthen scheint sie jedenfalls anfangs durchschnittlich grösser als in den weiblichen zu sein, offenbar weil jene grösser als diese sind (8, 15, 16), und mehr Platz für Pappus-Körper vorhanden ist, wenn diese dieselben Dimensionen behalten. In den weiblichen, die ich vorzugsweise untersucht habe, ist die Zahl durchschnittlich 18; nach diesen treten andere ausserhalb derselben auf (8, 21, 22, ein Paar von der Menge Variationen, die vorkommen. Die Figuren zeigen, dass die Divergenz-Winkel sehr ungleich sind, und dass die Wirtelbildung keine genaue ist). Der Kelch ist ringsum angelegt als schwacher fast gleich dicker Wulst (8, 16, 17), wenn die Pappus-Körper deutlich zum Vorschein kommen (8, 18 — eine weibliche mit etwa 9—10 Pappus-Körpern — 19 eine männliche Blüthe mit etwa 14 Pappus-Körpern). Starke vor den Staubblättern vorspringende Ecken finden sich nicht; daher werden auch eine Menge

Pappus-Körper gleichzeitig angelegt (etwa 9—14) und sind lange ungefähr von gleicher Länge (8, 20); in den weiblichen Blüthen scheint 9 Norm zu sein; die folgenden werden zwischen diesen interkalirt, bisweilen so, dass sie auf gleicher Höhe mit ihnen stehen, bisweilen etwas niedriger, wodurch Zickzackstellung und Alternation, wenn auf die Höhe Rücksicht genommen wird, zu Stande kommt.

Antennaria dioica hat nur einen Wirtel von etwa 20. Der Kelch wird erst ringsum gebildet als scharf abgesetzter ganzrandiger Wulst, der an keinen Stellen bedeutend dicker oder höher ist, als an anderen (8, 5, 14). Die Pappus-Körper entstehen daher auch nicht zuerst an bestimmten Stellen und in beschränkter Zahl; zwar habe ich Fälle gesehen, wo die erst hervortretenden ungefähr vor den Staubblättern standen, und die folgenden von diesen Punkten ausgehend nach und nach die Zwischenräume erfüllten; in den meisten Fällen war es mir nicht möglich eine solche Beziehung zu bestimmten Plätzen zu finden, und eine Menge wurde gleichzeitig und ohne Ordnung angelegt, und andere zwischen sie interkalirt.

Gnaphalium uliginosum. Ich habe einen Wirtel von 9, 10, 11, 12 Pappus-Körpern gefunden, mit ungleichen Divergenz-Winkeln. Bei *G. silvaticum* ist die Zahl grösser.

Bestimmter als bei den vorhergehenden kommt mehr als Ein Wirtel zur Ausbildung bei *Crepis virens.* In einer geöffneten Blüthe fand ich circa 50—55 Pappus-Körper, von welchen etwa 35—40 einem inneren Wirtel gehören. Der Kelchwulst ist sehr schwach, wenn die Pappus-Bildung an seinen oft genau vor den Staubblättern liegenden Ecken beginnt und von diesen Stellen ausgehend allmälig die Zwischenräume ausfüllt. Die Glieder des inneren Wirtels stehen wie bei den vorigen gar nicht immer genau auf derselben Höhe; stellenweise wird deutliche Alternation beobachtet, indem jedes zweite etwas niedriger inserirt ist. An den Ecken ist die Bildung der Pappus-Körper fortwährend am lebhaftesten, und hier entstehen auch vorzugsweise die, welche ausserhalb des ersten Wirtels gestellt sind. Die an den Ecken stehenden sind auch lange Zeit von bedeutenderer Grösse als die übrigen.

Aster Tripolium hat ebenfalls mehr wie einen Wirtel, wenn überhaupt von Wirtel die Rede sein kann. Erst wird ein schwacher, ungefähr gleich kräftiger Ringwulst gebildet. Ich habe gesehen, dass demnächst eine Menge Pappus-Körper fast gleichzeitig angelegt wird, mit ungleichen Divergenz-Winkel. Nach ihnen entstehen andere, die entweder interkalirt werden, oder sich ausserhalb jenes stellen, und in letztem Falle gewöhnlich mehr oder weniger in Alternation mit ihnen, und sich mehr oder weniger weit zwischen ihnen einschieben, je nachdem der Platz ist. Es ist daher hier, wie an den meisten anderen Stellen, schwer zu sagen, wie viele Glieder man zu einem Wirtel zusammenfassen soll. Endlich kommen noch mehr nach aussen und noch mehr unregelmässig andere hervor. In entfalteten Blüthen fand ich circa 47—50, aber viele andere Zahlen werden gewiss gefunden werden können bei Untersuchung einer grösseren Menge von Exemplaren.

Linosyris schliesst sich *Aster* an.

Solidago virga aurea bietet ein anderes Beispiel der im Vorhergehenden besprochenen Regelmässigkeiten und Unregelmässigkeiten. Es kommt vor, dass der schwache oder noch nicht ringsherum angelegte Kelchwulst ganz unregelmässig gestellte, pappustragende Ecken entwickelt (**7**, 34); es kommen aber auch ganz regelmässige Stellungen von fünf der ersten Pappus-Körper vor (**7**, 35), wonach die erst intercalirten hinstreben sich genau in den Zwischenräumen zu stellen. Die Unregelmässigkeiten sind aber die häufigsten. Die nachfolgenden Pappus-Körper werden theils zwischen den erst gebildeten interkalirt und bilden mit ihnen einen 18—22-zähligen Wirtel; theils stellen sie sich mit ihnen mehr oder weniger genau alternirend in äusseren Wirteln. Ein vorzügliches Präparat ist **7**, 36 abgebildet; es zeigt, wie unmöglich es ist, wenn die Pappus-Bildung etwas vorgeschritten ist, irgend welche bestimmte Zahl und Ordnung in der Stellung nachzuweisen.

Hieracium verhält sich der vorigen ähnlich; erst werden 5(—6) Pappus-Körper an den starken Ecken des Kelches erzeugt, deren Stellung bisweilen recht regelmässig ist (**9**, 9, 10, 11); dann werden andere auf dem inzwischen deutlicher sich erhebenden verbindenden Wulst interkalirt und basipetal angelegt. Wenn es die Stellung der umgebenden Blüthen verhindert, wird der Wulst und die von ihm getragenen Pappus-Körper bisweilen lange an ganzen Strecken retardirt (**9**, 10, 12 bei *x*). In Fig. 12 sind die längsten und ältesten durch den Schnitt durchgeschnittenen Pappus-Körper mit Kreuz bezeichnet. Sie stehen an den noch deutlich vorspringenden Ecken des Kelches, und an einer von diesen hat sich schon ein Pappus-Körper ausserhalb der anderen gebildet, während die ganze Seite bei 5 völlig retardirt ist, und die nächststehenden, punktirt angedeuteten Pappus-Körper eben nur ganz niedrige Zellhügel sind. In dem der Corolle sich anschliessenden Wirtel zählte ich bei *H. umbellatum* und *Pilosella* 19—25 Glieder. Ausserhalb dieser werden andere angelegt, die sich so weit möglich in Alternation mit ihnen stellen (**9**, 13, die eine Ecke des Kelches mit ihren Pappus-Körpern darstellt).

Ein ähnliches Diagram wie *Hieracium* hat *Jnula Helenium* nach Reichenbachs Icones florae Germ. l. 921.

Von *Picris laciniata* kenne ich die jüngsten Entwickelungszustände nicht. Später fand ich 17—20 kräftige Pappus-Körper in einem inneren Wirtel und eine Anzahl ausserhalb dieser gestellter, die mit ihnen mehr oder weniger alterniren.

Callistephus chinensis wird nach Köhne's Darstellung (l. c. 30) wohl hieher zu führen sein: »es erheben sich wenige, verhältnissmässig grosse Höcker, der Zahl nach mehr als fünf und von ziemlich unregelmässiger Stellung«. Nachher werden andere zwischen ihnen eingeschaltet (ich fand in der ersten Reihe circa 20—22), und mehr nach aussen entstehen, besonders an den Ecken, andere.

Cichorium dürfte hier passend einen Platz finden. Nach Lund hat *C. Endivia* eine »aigrette membraneuse et laciniée« die einen »anneau fermé« bildet, ganz wie bei *Leucanthemum* (Essai sur l'unité). Ich habe aber folgendes gefunden: Der Kelch ist (bei *Cichorii* sp.) als Ringwulst angelegt, ehe Pappus-Körper auftreten [1]); er ist eckig wie bei vielen anderen Gattungen. Wenn die kurzen schuppenförmigen Pappus-Körper angelegt werden, sind die Ecken bevorzugt (**9**, 27, 28). Bei *C. Endivia* zählte ich circa 46—48 in erster Reihe. Im Ganzen werden ungefähr 2 Reihen gebildet.

Hier werden wir am besten eine Anzahl Gattungen besprechen, die wie die vorhergehenden stärkere, mehr borstenartige Pappus-Körper haben, aber darin abweichen, dass eine grössere Regelmässigkeit in

1) Vergl. auch Payer, Organog. t. 133 (*Cichorium Intybus*).

der Stellung auch der später angelegten, nicht nur der sich genauer zu einem Wirtel zusammenschliessenden gewöhnlich in der Fünfzahl zuerst angelegten, sich ausspricht. Sie haben alle Pappus-Körper, die starke subepidermale Bildungen sind, und die ersten werden sehr früh an der Axe selbst angelegt, nicht nur ehe ein Ringwulst vorhanden ist, sondern bei einigen selbst bevor sichere Spuren der Krone existiren. Da die erst angelegten fünf recht oft genau vor den Kronblattzwischenräumen stehen, haben wir hier Glieder, die in Stellung und Entwickelung den ächten Kelchblättern näher kommen, als die früher erwähnten.

Tragopogon eriospermus. Die abgebildeten Längs- und Querschnitte (**3**, 1—14) zeigen, dass fünf konische Körper angelegt werden, ehe ein ringsum gebildeter Kelch existirt. Diese fünf Körper, die, wie Fig. 4 und 15—18 zeigen, direct in die ersten 5 Pappus-Körper auswachsen, sind nicht immer gleich gross, ja es kommen Fälle vor, wo die eine Seite einer Blüthe der anderen gegenüber sehr retardirt ist: **3**, 3, was von dem Drucke der umgebenden Blüthen abhängig ist. Sie liegen mit grosser Bestimmtheit vor den Staubblättern: **3**, 3, 4, 15, 16, 18b, 19, 20, 21, und die Abweichungen hiervon sind nur klein. Sie werden durch eine Wulstbildung (**3**, 5, 6, 4, 15, 16) an ihrem Grunde vereinigt, und sind schon recht gross geworden, ehe andere auf diesem Wulste sich erheben (**3**, 4, 15, 16). In der Entstehung dieser herrscht aber keine bestimmte Ordnung; in den Zwischenräumen zwischen je zwei der primären finden wir in derselben Blüthe bald zwei gleich grosse: Fig. 18b, bald drei gleich grosse: Fig. 18a; bald drei, von denen die mittlere die grösste ist und die seitlichen gleich gross: 18b; bald stehen diese drei auf gleicher Insertions-Höhe, bald ist der mittlere höher oder (was das häufigste ist) niedriger inserirt als die lateralen: **3**, 19, 20, 21. Bisweilen ist keiner von diesen Fällen genau vorhanden. Die Regel, die sich aus diesen Variationen vielleicht abstrahiren lässt, ist am nächsten die: nach den 5 ersten, wird ein Wirtel von 10, dann einer von 5 mit jenem ersten genau alternirend angelegt (a, b, c Fig. 21), und diese drei Wirtel schliessen sich mehr oder weniger genau zusammen, dass fast einer gebildet wird; dieser sollte also aus 20 Pappus-Körpern bestehen, erreicht in der That aber selten, wie es scheint, diese Zahl, und die Divergenzen zwischen den Gliedern werden ungleich. Nach diesen ersten Pappus-Körpern werden andere deutlicher basipetal angelegt; in ihrer Folge herrscht noch grössere Unregelmässigkeit; man wird sie in Fig. 19, 20, 21 an den Ausbuchtungen der Peripherie erkennen. In Fig. 20 sind die Seiten *m - n - o - p - q* bezeichnet; aus *m* könnte man schliessen, dass ein 10-zähliger Wirtel (*d - d*) enstehen sollte, dessen Glieder paarweise am Grunde der fünf primären (*a*) stehen; aus *n* dasselbe, denn der mittlere, den zwei lateralen gleich starke, dürfte vielleicht als mit *c* homolog betrachtet werden; an *o* erhält man aber ein anderes Bild; an *p* dasselbe wie bei *n*, und an *q* wieder ein etwas verschiedenes. Man sieht hieraus sowie aus den Fig. 19 und 21, dass diese äusseren überall nach Alternation mit den schon existirenden hinstreben, und dass die wahrscheinlich typische Entstehungsfolge die sein würde, dass die Glieder der 4. 10-zähligen Wirtel *d - d* paarweise am Grunde der ersten Pappus-Körper entstehen sollten, welche Folge aber vielfach perturbirt wird. Fig. 18a zeugt für dasselbe, und ausserdem scheint hieraus hervorzugehen, dass der 5. Wirtel (mit * * bezeichnet) ein zehnzähliger sein soll, dessen Glieder mit *b* und *c* alterniren. Danach würde die ganze Folge diese sein: 5 + 10 + 5 + 10 + 10, das ist: genau dieselbe, die ich für die Stacheln von *Agrimonia Eupatoria* gefunden habe[1]), nur mit der Ausnahme, dass die 5 primären bei dieser Pflanze vor den Kelchblattzwischenräumen stehen, bei *Tragopogon* an dem Platze (Spitze) der Kelchblätter selbst. Wenn ich aber in Betracht nehme, dass der Cyclus der Wirtel bei den unten besprochenen Gattungen *Scorzonera* u. s. w. fast durchgehend so anfängt 5 + 5 + 10 + . . ., so dürfte man vielleicht auch denselben für *Tragopogon* zu Grunde legen.

Wie erwähnt sind die fünf primären schon recht lang, ehe die anderen, die einander mehr gleich werden, zum Vorschein kommen. Dieser Gegensatz dauert fort und lässt sich selbst in dem Pappus der reifen Frucht erkennen (3, 17, aus einer jungen Blüthe); die fünf primären sind die längsten, und haben ausserdem nackte Spitzen, während ihr unterer Theil, sowie alle anderen ganz haarig sind (worüber auch oben gesprochen wurde). Ich habe an einer anderen unbestimmten Art des hiesigen Gartens beobachtet, dass sowohl die von den 8 Involucral-Blättern gestützten Blüthen, als auch die nächst folgenden nur

---

1) Sur la difference entre les trichomes etc. »Videnskabelige Meddelelser« des naturhistorischen Vereins zu Kopenhagen, 1872, pg. 181, Fig. VI u. VII.

5 starke, steife, am Grunde etwas, flache bis 1/2 mm. breite Pappus-Körper haben, die kurz gezähnt sind, sonst ganz nackt; alle andere fehlen. Die Stellung dieser fünf ist, so weit es sich aus fast blühenden Exemplaren ersehen lässt, genau die der nach $\frac{3}{5}$ orientirten Kelchblätter. Sie sind gewöhnlich ungleich lang, und die zwei vorderen sind kürzer als die hinteren, was besonders für die äussersten Blüthen gilt, und daher vielleicht aus dem Drucke des Mutterblattes sich erklären lässt.

Die inneren Blüthen des Köpfchens haben viele (35—40) gefiedert-haarige Pappus-Körper; der Uebergang von jenen peripherischen zu diesen geschieht gewöhnlich plötzlich; aber bisweilen lassen sich doch vermittelnde Formen auffinden, indem kleine und dünne Pappus-Körper zwischen den noch deutlichen grossen auftreten. Ich habe z. B. folgende Fälle aufgezeichnet:

1) ein 6. kleiner Pappus-Körper tritt zwischen einem der vorderen und einem der lateralen primären auf;

2) ein ähnlicher in der Mediane zwischen den zwei vorderen, was öfters beobachtet wurde;

3) Fall 2 und 3 combinirt, wodurch 7 Pappus-Körper vorhanden waren, und zugleich ist zu bemerken, dass der zwischen die hinzukommenden liegende primäre sehr dünn und klein geworden ist. Dieser Fall auch öfters gesehen;

4) eine grössere Anzahl, z. B. 8 äusserst dünne haarförmige Pappus-Körper sind zwischen den 5 primären eingeschaltet; diese waren dünner als gewöhnlich, aber noch als die 5 primären deutlich zu erkennen. Hier und da sitzt einer der eingeschalteten deutlich auf dem Grunde eines der primären;

5) endlich wird die Zahl der hinzukommenden sehr gross und gleichzeitig werden die 5 primären ihnen so gleich, dass sie sich nicht mehr von ihnen unterscheiden lassen.

Scorzonera hispida scheint sich wie *Tragopogon* zu verhalten; dagegen weicht *S. villosa* etwas ab. Bei beiden treten als Regel fünf starke, breite Pappus-Körper vor den Staubblättern hervor (**3**, 25); Ausnahmen kommen vor (**3**, 24, wo zwei Pappus-Körper in einen zusammengeschmolzen scheinen). Die Bilder: 26—29 und 30 werden zeigen, dass die Längenunterschiede zwischen den fünf primären und den nachfolgenden geringer sind, als bei *Tragopogon*; ferner dass die

Entstehungsfolge der Pappus-Körper eine andere ist; nach ihrer Folge sind sie *a - b - c - d - e* bezeichnet; *a - a* sind die primären; nach ihnen wird ein alternirender 5-zähliger Wirtel *b* angelegt; dann ein 10-zähliger *c - c*, dessen Glieder paarweise am Fusse der primären stehen; dann ein 10-zähliger, *d - d*, mit seinen Gliedern paarweise am Fusse des *b*-Körper; endlich ein 10-zähliger, *e - e*, am Grunde von den primären, mit ihnen und dem Wirtel *c - c* alternirend. Die Folge ist also: 5 + 5 + 10 + 10 + 10. Kleinere und grössere Unregelmässigkeiten kommen vor, vergl. **3**, 28.

So gross wie bei *Tragopogon* und *Scorzonera* ist die Regelmässigkeit bei wenigen anderen Gattungen.

Galinsoga parviflora. In der entfalteten Zwitterblüthe fand ich 16—21 Pappus-Körper (**2**, 24), in der weiblichen weniger. Der Kelch ist ein sehr schwacher Wulst, wenn die Pappus-Bildung beginnt, und es ist möglich, dass die ersten Pappus-Körper sogar selbstständig an der Axe entstehen. Aus dem Vergleiche einer Anzahl Präparate ging folgende Entstehungsfolge hervor: 5 Pappus-Körper vor den Kronblattzwischenräumen (*a*, Fig. 28, Taf. 2), 5 vor den Kronblättern (*b*, Fig. 28), 10 mit diesen 10 ersten alternirend *(c)*. Damit sind 20 Pappus-Körper angelegt worden; da die Divergenzen oft ungleich sind, entstehen bald Unregelmässigkeiten: **2**, 29.

Sogalgina triloba weicht von *Galinsoga* dadurch ab, dass die Pappus-Körper mit grösserer Gleichzeitigkeit angelegt werden, daher die Grösse-Differenzen der entwickelteren Pappus-Körper auch gering sind (**3**, 33, 34, 35). Die Entstehungsfolge ist: 5 + 5 + 10, die in einen Wirtel vereinigt werden: der 20-zählige innere Kreis in **3**, 35. Es geht aber aus der Figur hervor, dass die Divergenz-Winkel ungleich sind. Die anderen werden ausserhalb dieser angelegt, da wo Platz ist: in den grössten Zwischenräumen, und in Alternation mit ihnen; wo zwei oder drei nah an einander stehen, wird kein Pappus-Körper mit ihnen alternirend angelegt, jedenfalls nicht eher als der Kelch sich bedeutender entwickelt hat (**3**, 35 bei * *; 15 sind ausserhalb den 20 ersten sichtbar). Im ersten Wirtel wird die Zahl 20 oft nicht erreicht wegen eintretender Perturbationen (vergl. Buchenau, Senckenb. 120).

Volutarella (**3**, 38) verhält sich etwa wie *Sogalgina.* Die Folge ist: 5 *(a)* + 5 *(b)*, die fast gleichzeitig entstehen, + 10 *(c)*, die auch fast auf einer Zeit angelegt werden. Alle diese 20 schmelzen in einen

Wirtel zusammen. Die Figur zeigt ferner, dass kleine Körper in einem zweiten äusseren mit diesem alternirenden Wirtel fast zu einer Zeit angelegt werden.

Hypochaeris radicata (**9**, 19—23). Entweder werden die Staubblatt- und Kronblattborsten (*a* und *b*) etwas nach einander angelegt (Fig. 22), oder das Zeit-Intervall der Anlegung wird verschwindend klein, und ein 10-gliedriger Kreis wird simultan gebildet (**3**, 20). Nach diesen 10 entsteht alternirend ein anderer 10-gliedriger Kreis (*c* in Fig. 21 und 23); da aber die Divergenzen zwischen jenen ersten oft etwas ungleich sind, werden sie es in noch höherem Grade zwischen diesen, und bei den basipetal nachfolgenden, die sich alternirend mit *c - c* zu stellen suchen (*d - d* Fig. 23), steigern die Unregelmässigkeiten sich noch mehr, sowohl was Divergenzen der Winkel als Zeit der Anlegung betrifft.

Cirsium palustre. Lund sagt (Anticritique, pg. 16): »Comme exemple intéressant des Composées avec aigrette en verticilles à 5 éléments ou au dessus, et chez lesquelles, dans le verticille le plus élevé, apparaissent premièrement les 5 rayons qui alternent avec les 5 pétales, je puis encore citer le *Cirsium palustre.*« (Die anderen die er (nach Köhne) citiren zu können glaubt, sind: *Carduus crispus, Taraxacum* u. a.; über seine Weise die Autoren zu benutzen siehe weiter unten). Diese Worte sind so gesetzt, dass man kaum sehen kann, welche Meinung er eigentlich hat; doch scheint es, dass man eine grosse Regelmässigkeit erwarten muss. (Im dänischen Texte lauten sie anders). Die ersten Pappus-Körper werden auf der Axe selbst angelegt, ehe noch die Krone bestimmt nachzuweisen ist (**2**, 5), und sie sind schon gross, wenn verbindende Wülste zwischen ihren Füssen entstehen (**2**, 6). Bisweilen stehen sie, wie Lund sagt, sehr regelmässig; Fig. 8 zeigt den Kelch einer jungen, peripherischen Blüthe in seinem Werden; die Ecken des in diesem Falle, wie es scheint, etwas anders als bei den inneren Blüthen sich entwickelnden Kelches sind wie in einem gewöhnlichen $\frac{2}{5}$ Kelch orientirt; in **2**, 6, 7, 10, 13, 14 stehen die fünf primären Pappus-Körper (in 10—14 wie gewöhnlich mit *a* bezeichnet) ziemlich genau vor den Staubblättern, und dasselbe wird wohl auch mit 12 der Fall sein; doch kommen Unregelmässigkeiten vor, wie z. B. 13 und 10—11 zeigen. Selbst wenn bei den nächst folgenden Pappus-Körpern eine Entstehungsfolge von 5 (*b*) mit *a* alternirend, dann 10(*c*) mit diesen 10 ersten alternirend sich ableiten lässt (vergl. besonders **2**, 13), so sind die Unregelmässigkeiten dennoch bedeutend und zwar von Anfang an (**2**, 7, 10, 11, 12, 13, 14). In den noch hinzukommenden ist die Ordnung noch geringer, weil sie sich in ihrer Stellung sowohl den vorhergehenden Körpern, als den benachbarten Blüthen anpassen müssen.

Cirsium arvense. Die Stellungsverhältnisse sind unregelmässiger als bei voriger Art, wozu ich den Grund nicht anzugeben vermag. Um zu zeigen, wie die Stellung der ersten 5 Borsten von der Stellung der umgebenden Blüthen hier (wie überall) abhängig ist, habe ich ein Präparat Taf. 1, Fig. 23 abgebildet. Die mittlere Blüthe hat fünf starke konische Körper angelegt, die ich, wie ich später zeigen werde, den fünf Kelchblättern homolog betrachten muss; nur einer steht fast genau vor einem Staubblatte; denn die umgebenden Blüthen erlauben es den vier anderen nicht, und diese sind daher verschoben worden; wäre nur das Hinstreben nach Benutzung des Raumes das einzig Massgebende, so würde sich wohl Ein breiter Körper an der oberen Seite der Blüthe entwickelt haben, gerade vor dem leeren Raume; jetzt stehen aber zwei Körper seitlich da, denn die Blüthe hat eine geerbte Neigung, fünf Pappus-Körper (vor den Staubblättern) hervorzubringen, und die müssen sich denn in ihrer Stellung nach den umgebenden Blüthen richten. Ebenso geht es deutlich aus den abgebildeten Theilen der umgebenden Blüthen hervor, dass die Pappus-Körper zuerst dort zur Entwickelung kommen, wo der Raum am besten es erlaubt. Zwischen den gewöhnlich also in der 5-Zahl zuerst angelegten Pappus-Körpern werden auf dem inzwischen entwickelten verbindenden Wulste andere eingeschaltet; hier einer, dort zwei oder mehrere zwischen je zwei der primären, je nachdem Raum vorhanden ist. Bisweilen findet man eine ganze Blüthenseite wegen des Druckes ganz retardirt: in **1**, 25 ist die linke Seite (bei *) den anderen Theilen gegenüber weit zurück, denn der Kelchwulst fehlt zum Theil oder ist jedenfalls sehr niedrig, und die Pappus-Körper treten eben vor [alle punktirte Kreise bezeichnen eben entstehende Pappus-Körper; die mit *a* - *a* bezeichneten sind die ältesten und grössten]. In der Entstehungsfolge der später gebildeten Pappus-Körper habe ich keine andere Regel finden können als die: da wo am besten Platz ist, kommen sie gewöhnlich zur Entwickelung. Taf. **1**, Fig. 24, 25 und 26 zeigen Theile junger Kelche, die noch in

Pappus-Bildung lebhaft begriffen sind; in 24 bezeichnen die Buchstaben verschiedene Höhe (und Alter) der Pappus-Körper, in 26 verschiedene Insertions-Zonen. Diese Figuren werden zur Illustration der Stellungsverhältnisse hinreichen. Wenn man junge Blüthen von der Seite betrachtet, so entdeckt man bisweilen recht regelmässige Stellungsverhältnisse (2, 1), dreht man sie aber um und betrachtet sie von einer anderen Seite, so erhält man oft andere Stellungsverhältnisse zur Sicht. Querschnitte, welche die Stellungsverhältnisse zu überblicken erlauben, sind deshalb immer vorzuziehen.

Cirsium lanceolatum schliesst sich nahe an *C. arvense.*

Carduus crispus. Nach Köhne (l. c. 31) »entsteht sehr häufig, wenn auch mit Ausnahmen, zuerst vor jeder Commissur der Blumenkrone ein einzelnes dickes Haar, dem bald andere Haare in den Zwischenräumen nachfolgen«. Das ist völlig richtig. Die fünf ersten Pappus-Körper werden isolirt gebildet (2, 19, die eine Blüthe mit Bractee und dem hinteren Pappus-Körper in Längsschnitt darstellt); Beispiele von ihrer Stellung sieht man aus 17 und 18; an beiden ist die perturbirende Wirkung der umgebenden Blüthen sichtbar. Später findet man im ersten Wirtel 15—18 Glieder ohne bestimmte Divergenzen (2, 23), und die basipetal nachfolgenden stellen sich, so weit möglich, in Alternation mit ihnen.

Diese letzten Pflanzen gehörten vorzugsweise dem oben besprochenen *Cirsium-Tragopogon*-Typus an und werden also durch zwei verschiedene Banden verknüpft.

Höchst wahrscheinlich wird man bei vielen anderen Gattungen mit dickeren Pappus-Körpern ähnliche Regelmässigkeiten in den Stellungsverhältnissen finden; da ich sie aber nicht habe untersuchen können, kann ich Näheres über sie nicht sagen. Solche Gattungen dürften z. B. *Alagopappus* (vergl. Buchenau, Bot. Ztg. und Hook. et Benth. Genera p. 333), *Nicolletia* (Buchenau ibid., Hook. et Benth. p. 409), *Hochstetteria* (Hook. et Benth. p. 492, DeCandolle Mém. Compos. tab. 6) u. s. w. sein.

C. Von diesen letztbesprochenen Gattungen mit vielen, aber starken und dickeren Pappus-Körpern wende ich mich zu einer anderen Gruppe, die fast mit dem oben erwähnten *Senecio-Lactuca*-Typus zusammenfällt: den mit vielen haarförmig dünnen Pappus-Körpern versehenen. Eine Uebergangsform bildet *Sonchus*, der, wie oben erwähnt, zwei verschiedene Pappus-Formen hat: dünnere und stärkere; die anderen Gattungen sind z. B.: *Senecio, Ligularia, Mulgedium, Cineraria, Lactuca, Taraxacum*[1]).

Sonchus. Der Kelch bildet sich von Anfang an stärker an einigen (gewöhnlich 5) Punkten als an anderen aus, die aber durchaus nicht immer regelmässig liegen, ja bisweilen sogar sehr unregelmässig: der Druck der umgebenden Blüthen ist das Bestimmende (**6**, 1, 2, 3). An den Kelchecken entstehen die ersten grossen Pappus-Körper (*a* in Fig. 2 ist ein etwas niedergedrückter Pappus-Körper), oder, wenn die Ecken klein sind, würde man vielleicht sagen können: sie setzen sich in die Pappus-Körper fort. Zwischen den primären bilden sich andere, bis so viele entstanden sind, als auf dem Kelchwulste in einem Wirtel Platz finden können; ich zählte z. B. bei *Sonchus arvensis* 15—19, am häufigsten 16 und 17; bei *S. palustris* 18—22, am häufigsten 19 (**6**, 5, wo 17, und 7, wo 19 angelegt sind); die Divergenzen sind wie gewöhnlich ungleich. In Fig. 7 habe ich Theile von einer Nachbarblüthe mit abgebildet (bei *x*), um zu zeigen, wie ihre Glieder auf die Stellung

1) Ueber einige von diesen heisst es bei Lund (Anticritique, pg. 18): »Il était facile précédemment de citer des exemples d'une grande variation dans le nombre des rayons d'aigrette, par ex. chez les genres *Sonchus, Senecio, Lactuca* etc. (conf. Buchenau). Aujourd'hui, on ne peut plus renvoyer à ces genres, comme il a été constaté que les rayons d'aigrette y sont fasciculés, c'est à dire que chacun d'eux se compose d'un tronc principal qui porte un nombre très variable de rayons secondaires (voir: »Le calice des Composées, p. 141—156); cette disposition est surtout marquée chez les genres *Sonchus* et *Antennaria*. La meilleure preuve que les rayons d'aigrette sont réellement fasciculés, c'est que le tronc seul, qui occupe le centre de chaque faisceau, vient se ranger dans la série régulière des métamorphoses que subit l'aigrette *(Cirsium — Cineraria);* on peut d'ailleurs le constater par l'organogénie, même chez des genres comme le genre *Senecio*«. Wir werden also fasciculirte Pappus-Körper erwarten können, welche durch verschiedene abweichende, neue Verhältnisse der Untersuchung einen gewissen Reiz geben können, denn durch diese Entdeckung Lunds werden die früher von Buchenau und Anderen als mit unregelmässig, höchst unordentlich gestellten Pappus-Körpern begabt gehaltenen Gattungen zur Regelmässigkeit zurückgeführt, und wer sollte sich nicht darüber freuen. Misslich ist es nur, dass Verf. uns darüber keine genaue Aufschlüsse gibt, welche regelmässige Stellung die Pappus-Körper denn eigentlich haben: ob etwa nur 5 vor den Staubblättern stehende, verzweigte Pappus-Körper bei *Sonchus* u. s. w. vorhanden sind oder wie.

und den Entwickelungsgrad der abgebildeten Einfluss gehabt haben. Wenn die grossen Emergenzen angelegt sind, fängt die Bildung der haarförmigen an. An den noch sehr deutlichen und hervorspringenden Ecken (**6**, 4 7) treten die ersten auf, — denn dort ist der beste Platz, und, indem sie den vorhandenen Platz ausfüllen, occupiren sie nach und nach die zwischenliegenden Theile des Kelchs; ein Studium der, überall und so auch hier, sorgfältig gezeichneten Diagramme wird dies zeigen. Zuletzt trägt der Kelch einen inneren Wirtel von dicken und ausserhalb dieses eine ungeheure Menge von haarfeinen Pappus-Körpern, in deren Stellung es mir nicht möglich gewesen ist, irgend welches bestimmte Stellungsverhältniss nachzuweisen[1]). Von Wirtelstellung kann höchst uneigentlich die Rede sein.

Senecio vulgaris und *viscosus*. Der Kelch ist ringsum als ein schwacher Ringwulst angelegt, wenn die Pappus-Bildung beginnt; er hat deutliche Ecken in der gewöhnlichen Zahl und Stellung (**5**, 26); die Pappus-Bildung beginnt an den Ecken (**5**, 27), greift von da ab nach den Seiten hin um sich, ist aber immer in grösserer Fülle an den Ecken vorhanden, als an den schmaleren Seiten (**5**, 28—31). Die Pappus-Körper entstehen vorwiegend in basipetaler Folge, aber auch können sie mitten zwischen älteren geboren werden, worauf Dr. Magnus mich zuerst aufmerksam machte; *i* in Fig. 31 ist auf diese Weise eingeschaltet. Das Resultat ist eine Menge sehr unordentlich gestellter Pappus-Körper; unmittelbar an der Krone stehen etwa 20—30. (Ueber *Senecio* vergl. Köhne, p. 29.)

Auch bei den folgenden Gattungen ist der Kelch als ein eckiger Ringwulst gebildet, ehe die Pappus-Körper erscheinen.

Bei *Taraxacum vulgare* fand ich recht starke Ecken, und oft standen sie regelmässig vor den Staubblättern, bisweilen kamen Unregelmässigkeiten vor, wie in **6**, 31, wo die zwei, wie es scheint, in einen verschmolzen sind. Wie bei den vorigen sind die Ecken Aus-

1) Ich habe nicht finden können, dass dieses Verhältniss mit dimorphem Pappus bei *Sonchus* bekannt gewesen ist; selbst Buchenau scheint es nicht zu kennen. Die Arbeit von Licopoli: »Sulla organogenia degli pappi e degli altri organi fiorali nel *Sonchus oleraceus*« kenne ich nur aus der Revue in dem Bulletin de la Société botan. de France 1869, Vol. 16; sie ist offenbar in besonders wichtigen Punkten unrichtig und unvollständig.

gangspunkte der Pappus-Bildung (cfr. Köhne, l. c. 30—31), und schliesslich ist der ganze eckige Kelchwulst mit einer unordentlichen Menge von Haaren dicht bedeckt (**6**, 32). Einschaltung zwischen alte fand ich nicht.

Ein Beispiel ähnlicher Stellungsverhältnisse bietet das von *Cineraria* abgebildete Präparat: **5**, 36. Vor dem Staubblatte, dessen Platz durch *st* markirt ist, ist der Kelchwulst ein wenig dicker, und die Zahl der Pappus-Körper grösser. In ihrer Stellung ist nur das Regelmässige zu entdecken, dass sie sich, so weit möglich, in Alternation mit einander zu stellen suchen. Die Pappus-Bildung nimmt ihren Ausgang von den Ecken des schwach ausgebuchteten Kelchwulstes.

Die beiden Gattungen, bei welchen ich divergirende Entwickelungsfolge und besonders deutlich Einschaltung (Intercalirung, Interponirung) von Pappus-Körpern mitten unter den älteren beobachtete, sind *Lactuca* und *Lappa*, die erste mit haardünnen, schneeweissen, die zweite mit kurzen steifen.

Lappa. Aus **4**, 1—4 und 8*a*—*c* geht hervor, dass der Kelch nicht gleichzeitig ringsherum angelegt wird, und als ein grosser scharf abgesetzter deutlich ausgebuchteter Wulst gebildet ist, ehe Pappus-Körper in Menge auf ihm hervorsprossen. Die Ecken des Kelchs entsprechen in den gezeichneten Fällen den Kronblattzwischenräumen, was aber doch nicht immer der Fall ist; denn die Stellung der fünf Ecken sind, wie gewöhnlich, von dem Drucke der Umgebungen abhängig: **4**, 9. Wenn die Pappus-Bildung beginnt, sind die Ecken bevorzugt: dort wird der Anfang gemacht (**4**, 8d), und zwar auf dem höchsten (am freiest gelegenen) Rande des Wulstes (**4**, 12, 13): nach und nach kommen aber Pappus-Körper in grösster Unordnung akropetal (auf der inneren Seite des Wulstes) sowohl als basipetal (auf der äusseren Seite) zum Vorschein, und zugleich entstehen einige mitten zwischen den älteren; als Illustration hiervon können dienen Taf. **4**, 7 (radialer Längsschnitt), 22 (eine Partie Pappus-Körper von aussen betrachtet; die punktirten liegen hinter den anderen), 23, 24 und 25, (in welchen die jüngsten, kaum halbkugelförmigen Pappus-Körper durch punktirte Kreise angedeutet sind, während die ältesten in 23 und 24 mit Kreuz bezeichnet sind).

Lactuca. Radiale Längsschnitte durch Kelchwülste sind in **6**, 19 und 21 abgebildet; es geht aus ihnen hervor, dass auch hier der Kelchwulst sehr stark entwickelt ist, und in noch höherem Grade in Gegensatz zu den Pappus-Körpern tritt, weil diese Epidermis-Bildungen sind. Ecken treten an ihm nur schwach hervor, doch sind die vor den Staubblättern liegenden Seiten oft etwas dicker. Der Anfang der Pappus-Bildung wird daher auch nicht so deutlich an bestimmten Stellen gemacht. Dass auch hier Pappus-Körper in akropetaler Folge angelegt werden, geht aus **6**, 21 hervor, wo *a* eben in Entstehung begriffen ist. Wird der Kelch mit seinem Pappus in Blüthenquerschnitten von oben betrachtet, so zeigt sich eine vollkommen ordnungslose Masse von Pappus-Körpern, wo auch deutlich junge rings herum zwischen älteren zum Vorschein kommen. Ein Theil eines solchen Kelchwulstes ist in **6**, 25 abgebildet; *n* und *o* sind eben sich erhebende Pappus-Körper und ebenso wie *p* in Scheitelansicht gezeichnet; die nicht punktirten sind schon lang und durch diese Einstellung in optischem Querschnitt abgebildet.

Sucht man nach einem Grunde, warum die sonst als Regel geltende basipetale Entstehungsfolge (von Intercalirung in einer Reihe muss abgesehen werden) hier Ausnahmen erleidet, so kann ich keinen anderen, aber wie ich glaube auch genugthuenden finden, als den: die Grösse des Kelchwulstes und der Umstand, dass er von der Krone ungewöhnlich weit absteht (vergl. **4**, 12, 13 und **6**, 19) in Verbindung mit der jedenfalls bei *Lactuca* und *Senecio* sehr geringen Dicke der Pappus-Körper, also: die räumlichen Verhältnisse.

Fasciculirte oder mit Lateral-Haaren versehene Pappus-Körper fand ich nicht; die obenstehende Beobachtung von Lund ist wohl eine Phantasie. Es würde aber unbillig sein, nicht das Richtige, das er bringt, zu schätzen; das Richtige ist, dass die Gattungen *Sonchus*, *Senecio*, *Cineraria* u. s. w. Pappus haben.

D. Schliesslich muss ich noch die *Centaurea*-Arten erwähnen.

Centaurea Jacea hat gar keinen Pappus, aber zwei niedrige, unregelmässig gewellte Wülste, von denen die innere weit kleiner als die äussere ist. In Payers »Organogénie de la fleur« Pl. 134 wird sie nichts desto weniger mit recht schönen, kräftigen und ziemlich regelmässig gestellten Pappus-Körpern abgebildet; Payer wird wohl einen falschen Namen beigeschrieben haben. Hofmeister (Allgem. Morphologie I. 468) acceptirt Payers Fehler und verbessert die Pflanze, indem er, auf Payers Figur nachzählend, schreibt: »der 10-gliedrige

(Wirtel) der *Centaurea Jacea*«, und von ihm geht der Fehler weiter zu Lund über; doch hat dieser hier keine histiologische Entwickelungsgeschichte der Pappus-Körper geliefert.

Centaurea Cyanus (8, 31, 32). Der Kelchwulst bildet sich zuerst, ist aber noch schwach, wenn die Pappus-Bildung anfängt; auch habe ich keine oder nur höchst unbedeutende Ecken an ihm bemerkt. In Uebereinstimmung hiermit werden wohl alle circa 23—30 Glieder des erst gebildeten Pappus-Wirtel fast gleichzeitig angelegt und zeichnen sich durch fast gleiche Grösse aus: 8, 31, 32. Etwas nach ihnen wird ein innerer Wirtel erzeugt, dessen Körper sich später zu den kleinen mehr oder weniger zweilappigen Schuppen ausbilden, welche von verschiedenen Botanikern als mit den anderen nicht homolog betrachtet worden sind (vergl. Buchenau, Senckenb. 122). Diese Schuppen werden etwa in derselben Zahl, wie die Pappus-Körper des ersten Wirtels, angelegt und alterniren mehr oder weniger genau mit ihnen (8, 32). Ich habe auch Präparate gesehen, aus welchen ich schliessen muss, dass diese Schuppen-Wirtel vor oder gleichzeitig mit dem anderen entstehen können. Zwei, drei Wirtel bilden sich ausserhalb dieser, in basipetaler Folge, und mit etwa gleichzeitiger Entstehung der Pappus-Körper innerhalb jedes Wirtels; das Hinstreben nach Alternation ist ungemein deutlich, eben weil die Wirtel-Bildung ungemein regelmässig ist.

Centaurea Scabiosa (9, 25, 26). Ein Ringwall ist gebildet, ehe die Pappus-Bildung beginnt; dieser Kelchwulst ist unregelmässig 5-eckig. Der Schuppen-Wirtel entsteht zuerst, alle anderen in basipetaler Folge. Im zweiten und dritten Wirtel fand ich 40—50 Glieder, im ersten etwa halb so viel; doch ist es schwierig, die Zahlverhältnisse genau zu ermitteln.

(Ueber *Centaurea* vergl. Buchenau l. c., Köhne pg. 30). Diesem Typus würden einige andere Gattungen, wie z. B. *Antennaria* vielleicht am besten anzuschliessen sein.

Allgemeine Schlussfolgerungen.

Die im Vorhergehenden angeführten Beobachtungen umfassen nur einen sehr geringen Theil der Gattungen in dieser ungeheuren

Familie; sie lassen sich leicht vermehren, und wenn man eine grössere Exemplar-Anzahl selbst der untersuchten Arten nachgeht, wird man sicher hie und da Zusätze zu dem Beobachteten bringen können, weitere Variationen in Zahlverhältniss u. s. w. Obgleich eine weit grössere Zahl von Beobachtungen, selbst wenn man die bei Buchenau und Köhne angeführten mitnimmt, erwünscht wäre, werden die schon gemachten doch hinreichen, um allgemeine Schlüsse über Zahl und Stellung der Pappus-Körper zu erlauben.

Bildung der Kelchtheile. Wie schon oben (S. 34) angeführt worden ist, giebt es zwei Extreme: a) entweder wird eine Anzahl — und dann sehr kräftiger — Pappus-Körper selbstständig an der Axe selbst angelegt, und erst nachträglich durch Wülste an ihrem Grunde vereinigt, auf welchen Wülsten die folgenden entstehen (*Scorzonera*, *Tragopogon*, *Cirsium* u. s. w.); oder b) es wird zuerst ein rings um die Blüthe laufender Wall erzeugt, auf welchem die Pappus-Körper entstehen (*Senecio*, *Lappa*, *Taraxacum*, *Lactuca* u. s. w.); wenn dieser Wall überall gleich kräftig ist, wird ein Wirtel von vielen Pappus-Körpern etwa gleichzeitig angelegt (*Centaurea* z. B.); wenn er dagegen eckig ist, sind die Ecken Ausgangspunkte für die Pappus-Bildung, und nach und nach werden auch die Seiten des Walles mit Pappus besetzt. Zwischen diesen Extremen liegt eine Menge vermittelnder Fälle. Die Extreme selbst lassen sich auch leicht von einem einheitlichen Gesichtspunkte aus betrachten. Ich fasse die Sache so auf.

Der Kelchwulst ist typisch überall 5-eckig; in einigen Fällen entstehen die Ecken und existiren eine Weile als isolirte Körper, ehe sie durch überbrückende Wülste verbunden werden, und in diesen Fällen sind die Pappus-Körper gewöhnlich sehr kräftig, und jede Kelchecke erzeugt auf ihrer Spitze einen Pappus-Körper, die fünf Kelchecken und die fünf Pappus-Körper werden fast identisch (*Cirsium-Tragopogon*-Typus); in anderen Fällen werden die Ecken schneller mit einander verbunden, sind breiter abgerundet und niedriger, und die ersten Pappus-Körper werden auch hier auf ihren Spitzen entstehen; sind sie gross und kräftig mit breitem Grunde, so nimmt einer die ganze oder fast die ganze Ecke in Anspruch; sind sie dünner, so werden mehrere auf jeder Kelchecke entstehen, und dann wird nicht immer ein Pappus-Körper genau apical sein (*Senecio-Lactuca*-Typus). Endlich giebt es Fälle, wo die

Ecken fast verschwunden sind: *Centaurea.* — Der *Bidens*-Typus schliesst sich dem ersten am nächsten an.

Zahl der Pappus-Körper.

1. Betrachtet man die Familie als ein Ganzes, so findet man die Zahl der Pappus-Körper so variabel, wie fast bei keinem anderen Blüthentheile bei irgend welcher anderen Familie; wir können von 1 bis 100—150 und vielleicht noch mehr Pappus-Körper finden. Aber selbst für dieselbe Art ist die Zahl variabel; am engsten sind die Grenzen der Variationen bei den mit wenigen (2—5—10) Pappus-Körpern ausgestatteten Arten; je absolut höher die Zahl der einer Art zukommenden Körper ist, innerhalb desto weiteren Grenzen variirt sie.

2. In weit den meisten Fällen spielt die Zahl 5 eine Rolle in den Kelchtheilen. Dieses tritt am deutlichsten hervor bei den mit kräftigen Pappus-Körpern, von denen einige an der Axe selbst entstehen, ausgestatteten Gattungen (vom *Cirsium-Tragopogon*-Typus), indem nicht nur die Zahl der erst entstandenen Pappus-Körper fünf ist, sondern auch in der Zahl der später auftretenden Wirtel sich ein deutliches Hinstreben nach dem 5 zeigt. Es zeigt sich ferner ebenso deutlich bei denjenigen Gattungen, bei welchen der Kelchwulst und die ersten — der starken — Pappus-Körper zu fast gleicher Zeit angelegt werden, oder wo die ersten Pappus-Körper an den 5 Ecken des Kelches entstehen und diese Ecken fast ganz als Bildungsstätten in Anspruch nehmen; in diesen Fällen sind die ersten Pappus-Körper auch gewöhnlich in der Fünfzahl vorhanden, bei Anlegen der nachfolgenden ist diese Zahl weniger bestimmt oder gar nicht nachzuweisen. Am wenigsten macht eine bestimmte Zahl, also auch nicht die 5-Zahl, sich bei dem Pappus geltend bei denjenigen Gattungen, die eine Menge haardünner auf einem deutlich angelegten Kelchwulste entstehender Pappus-Körper haben (*Senecio-Lactuca*-Typus), aber bei den meisten von diesen ist nichts desto weniger die 5-Zahl in den Ecken des Kelchwulstes nachzuweisen.

3. Endlich giebt es eine kleine Anzahl Fälle, in welchen gar keine Beziehung zur Fünfzahl sich auffinden lässt, weder am Kelchwulste noch in der Zahl der Pappus-Körper. Dieses gilt besonders für die Gattungen, die weniger als 5 Pappus-Körper haben (*Coreopsis*,

Bidens u. s. w.; oben pg. 80—82), dann auch für solche, die einen rings um fast gleich starken Kelchwulst haben, auf welchem gleichzeitig ein Wirtel von vielen Pappus-Körpern entsteht (z. B. *Centaurea, Antennaria*). Die Zahl der hier auftretenden Pappus-Körper wird von dem Verhältniss zwischen Breite des Pappus-Körpers der betreffenden Art und Grösse der Kelch-Peripherie abhängen; 5 vorangehende fand ich hier nicht.

Stellungsverhältnisse der Kelchtheile.

In der Stellung der fünf Ecken des Kelchwulstes in Relation zu den übrigen Blüthentheilen und der Pappus-Körper zu den Blüthentheilen und zu einander, spielt ein Factor eine äusserst wichtige Rolle: der Druck älterer Körper, theils also der umgebenden Blüthen, theils der Pappus-Körper selbst und der Krone. Das von Hofmeister zur Erklärung der Stellungsverhältnisse seitlicher Sprossungen (Allgem. Morphol. I.) aufgestellte physische Princip findet seine völlige Bestätigung. Vergl. hierzu auch Eichler (Blüthendiagramme, I. 290).

1. Je jünger die Blüthen sind, wenn die ersten Kelchtheile auftreten, desto weniger stark ist im Allgemeinen der gegenseitige Druck der Blüthen, desto näher steht die Entwickelung der bei Blüthen von anderen Familien allgemein vorkommenden und desto mehr müssen wir erwarten, dass die Kelchtheile den ihr phylogenetisch zukommenden Platz behaupten oder sich nach der Stellung der Kronblätter richten. Dieses ist in der That der Fall bei den Arten des *Cirsium-Tragopogon*-Typus; die starken »Pappus-Körper« entstehen früher als bei den meisten anderen, sogar vor den Kronen, und bei keinen anderen findet man so regelmässige Stellung der fünf ersten Pappus-Körper, wie hier; sie entsprechen in ihrer Stellung oft vollkommen den gewöhnlichen nach $\frac{2}{5}$ orientirten Kelchblättern. *Acicarpha spathulata* aus der verwandten Familie *Calyceraceae* bildet seine Kelchblätter gleichzeitig mit oder deutlich vor der Krone; die Alternation der Kelchblätter mit der Krone ist dann auch vollkommen, und ihre Stellung vollkommen regelmässig $\frac{2}{5}$.

2. Je später der Kelch zur Entwickelung kommt, desto weniger wird der Druck der schon gamophyllen, grossen Krone für die Stellung der Kelchtheile maassgebend, desto stärker aber der Druck der umge-

benden Blüthen, und desto mehr muss der Kelch sich in Ausbildung seiner Theile nach der Stellung dieser Blüthen richten, und diese Stellung ist sehr verschieden. Von dem Drucke der umgebenden Blüthen rühren die vielen Perturbationen in der regelmässigen Stellung der fünf Ecken des Kelches her, durch welche die Divergenz-Winkel ungleich werden, und die Ecken nicht vor die Kronblattzwischenräume zu stehen kommen; wegen dieses Druckes sieht man oft zwei Ecken in einen weit breiteren zusammenfliessen, und wegen dieses Druckes können ganze Theile des Kelches eine Weile retardirt werden.

3. Die Ecken des Kelchs sind immer die Stellen, an welchen die Pappus-Bildung anfängt, und an welchen oft mehrere Pappus-Körper entstehen, als an irgend einem anderen Theile des Kekches, daher der Pappus an den Ecken oft, wie es heisst, »mehrreihig« ist, während er an den Seiten »einreihig« bleibt. Es ist dieses wieder eine Folge von dem Drucke der älteren Theile; weil der Druck an den fünf Ecken am geringsten ist, und weil an den Ecken am meisten Raum für die Bildung der Pappus-Körper vorhanden ist, fängt die Bildung eben dort an und dauert dort länger fort. Ist der Kelchwulst nur mit schwachen Ecken versehen, der Druck also fast ringsum gleich stark, so werden mehr Pappus-Körper gleichzeitig ringsum angelegt werden, und sind sie zugleich sehr kräftig, so wird die Wirtelbildung eine nicht unbedeutende Regelmässigkeit erreichen, wie bei *Centaurea*.

4. Die Gattungen, welche normal weniger als fünf Pappus-Körper haben (*Coreopsis*, *Dahlia*, *Bidens*, *Helianthus*, *Zinnia* u. s. w., vergl. pg. 80 ff.) haben (sehr früh) stark zusammengedrückte Ovarien; nach der Form des Ovarium richten sich Zahl und Stellung der Pappus-Körper, obgleich sie, wenn sie sehr kräftig sind, früh angelegt werden; wenn das Ovarium, wie die Systematiker schreiben, »a dorso compressum« ist, so erhalten wir nur 2 lateral gestellte Pappus-Körper; ist es umgekehrt »a latere compressum«, so kommen die Pappus-Körper median vorne und hinten zu stehen. Ist das Ovarium dreieckig, trägt es drei Pappus-Körper; wird es mehr 4-eckig, kommen 4 zur Entwickelung; je nachdem *Bidens cernua* zweikantige oder 4-kantige Früchte hat, erhält jede Frucht 2 oder 4 Pappus-Körper. Die Ecken sind die Stellen, wo am besten Platz ist; daher diejenigen, wo Pappus zur Entwickelung kommt, allein oder vorzugsweise. Uebrigens scheint es, dass

die Form des Ovarium auch bei den Pflanzen der übrigen Typen in Verhältniss zu der Form des Kelches steht.

5. Von der Stellung der ersten Pappus-Körper ist die der späteren zum Theil abhängig; doch versteht es sich, dass auch die anderen umgebenden, älteren Theile auf die Stellungsverhältnisse Einfluss haben. Jeder Querschnitt einer Blüthe, durch welchen man einen grösseren Theil des Kelchs überblicken kann, wird zeigen, dass im Allgemeinen Hinstreben nach Benutzung des besten Raumes das leitende Princip ist, und die daraus resultirende Stellung von Gliedern, die verschieden hoch inserirt sind, Alternation der Glieder ist. Wo zwischen zwei Pappus-Körpern der beste Platz ist, dort schiebt sich ein neuer ein, bald mehr, bald weniger tief. Auch bei den Spreuborsten kommt, wie oben erwähnt, Alternation von denen vor, die zwischen den Seiten zweier Blüthen liegen. Je regelmässiger die Stellung der ersten fünf Pappus-Körper ist, desto grössere Aussicht haben die nachfolgenden eine regelmässige Stellung einnehmen zu können. Wo ein grösserer Divergenz-Winkel zwischen zwei primären existirt, werden mehr Pappus-Körper entstehen können, als wo der Winkel kleiner ist. Dass Alternation nicht immer erreicht wird, dass Unregelmässigkeiten auftreten, hängt von den Umgebungen ab. Im Allgemeinen wird man sagen können, dass die Unregelmässigkeiten in der Stellung bei den später auftretenden Pappus-Körpern einer Blüthe sich steigern. Bei einigen wenigen, wo die Entstehung und Stellung eine sehr regelmässige ist, ist die Folge der Wirtel doch nicht eine völlig alternirende, es tritt z. B. nach einem 5-gliedrigen Wirtel ein 10-gliedriger auf, dessen Glieder paarweise gestellt sind, ganz wie bei vielen Androeceen und nach meinen Untersuchungen den Kelchhaken von *Agrimonia*. Dass diese Stellung unmittelbar von der der älteren Organe abhängt, kann ich nicht nachweisen.

Obenstehende Untersuchungen haben ferner gelehrt, dass zwei Wirtel, die nach einander folgen sollten, gleichzeitig und scheinbar als ein einfacher auftreten können.

6. Für die Stellungsverhältnisse der Pappus-Körper ist auch ihre Grösse, d. i. der grössere oder kleinere Platz auf dem Kelchwulste, auf den sie Anspruch machen, so wie das Verhalten zwischen ihrer Grösse und der des Wulstes von Bedeutung. Es gilt wohl als Regel, dass Alternation der Pappus-Körper desto leichter zu Stande kommt,

je grösseren Umfang sie haben: die von *Tragopogon*, *Cirsium*, *Solidago*, *Centaurea* werden sich leichter regelmässig stellen, als die von *Senecio*, *Taraxacum* und ähnlichen. Und je grösser der Kelchwulst ist, je geringer der Umfang der Pappus-Körper, desto leichter wird Unregelmässigkeit auftreten; dieses geht so weit, dass die Pappus-Körper bei den Gattungen *Senecio*, *Lactuca* und *Lappa* nicht nur basipetal, sondern auch acropetal und rein intercalar (nach allen Seiten von älteren umgeben) auftreten; wenn dieses bei *Senecio* seltener ist, als bei den anderen, so dürfte der Grund hierzu eben auch in einer bedeutenderen Grösse des Kelchwulstes bei diesen, der dem Pappus besser Platz bietet, zu suchen sein; sowohl an der inneren als an der äusseren Seite des Wulstes ist Platz genug für die Bildung vom Pappus, und von dem Rande des Wulstes als dem freiesten Theile desselben ausgehend, schreitet die Bildung derselben in auf- und absteigender Richtung fort; zugleich ist der Raum von Anfang so gross, dass die Pappus-Körper nicht gedrängt zu stehen kommen, und gleich von Anfang an wird die in grosser Menge hinter und vor einander angelegt, und es bleibt für die noch hinzukommenden Platz zwischen den älteren übrig. Je grösser die Menge der gleichzeitig an einer bildungsfähigen Fläche angelegten Organe ist, und je mehr ausgebreitet diese Fläche, desto unregelmässiger werden wohl allgemein die Stellungsverhältnisse sein (z. B. Stacheln von *Datura*, Haare mancher Blätter u. s. w.); je mehr succedan die Anlegung ist, desto mehr richtet sich das eine Glied nach dem anderen, und die Stellungen werden regelmässiger; ob aber simultane oder succedane Entstehung Statt finden kann, muss wohl davon abhängen, wie gross die Fläche ist, welche in einen bildungsfähigen Zustand versetzt wird.

7. Es heisst gewöhnlich, dass die Glieder des Compositen-Pappus in Wirtel gestellt sind. Cassini sagt »que l'état naturel ou ordinaire de l'aigrette est d'être imbriquée, c'est à dire composée de squamellules disposées sur plusieurs rangs circulaires concentriques. L'aigrette de beaucoup de Centaurées offre cette disposition de la manière la plus manifeste« (Opuscules, I, 273). Für die Arten, die einen sogenannten »einreihigen« Pappus haben, dürfte dieses sich wohl sagen lassen, aber der Wirtel wird jedenfalls mit wenigen Ausnahmen ein solcher sein, bei welchem die Divergenz-Winkel der Glieder ungleich gross sind. Je »mehrreihiger« aber der Pappus ist, um desto uneigentlicher wird

man von Wirteln sprechen können, in dem Grade ist Insertions-Höhe, Divergenz und Zahl der Glieder, die auf einer Insertions-Höhe stehen, ungleich. Cassini hat aber darin Recht, dass die Centaureen zu denjenigen gehören, wo eine Wirtelstellung am deutlichsten ist.

Anhang. Beobachtungen über die Kelchtheile der Valerianaceen und Dipsaceen. Ein näheres Eingehen auf Entwickelung, Stellung etc. des Kelches und seiner Theile bei diesen Familien dürfte allerdings von Bedeutung für das rechte Verständniss des Compositen-Kelches sein; aber ich muss diesen Theil der Aufgabe einem anderen überlassen, und nur ein Paar Beobachtungen möchte ich hier anhangsweise mittheilen. Sie werden immerhin benutzt werden können. Uebrigens sei auf Eichler's »Blüthendiagramme« verwiesen.

Valeriana dioica. Bei den weiblichen Blüthen fand ich durchschnittlich eine grössere Zahl von Pappus-Körpern als bei den männlichen, nämlich 13—17, am häufigsten 15 und 16; bei diesen 12—14, am häufigsten 12 und 13. Die Divergenz zwischen den Pappus-Körpern ist nicht überall dieselbe; bisweilen sind einige Pappus-Körper höher vereinigt als die anderen. Die meisten haben je einen Fibrovasal-Strang, einigen fehlt ein solcher, und vereinzelte Spaltöffnungen kommen auf dem gemeinsamen Membran vor.

Valerianella coronata fand ich gewöhnlich mit 6, selten mit 7 Kelchzähnen versehen. Andere Formen vergl. z. B. bei DeCandolle Mém. des Valerianées, tab. 3.

Fedia scorpioides. 5 Kelchzähne von ungleicher Länge und ungleichen Divergenzen; in anderen Fällen sind nur 2 oder 3 entwickelt. Da ich weder hier, noch bei den meisten anderen der hier anhangsweise erwähnten Pflanzen die jüngeren Zustände untersucht habe, wage ich nichts Bestimmtes über die Stellungsverhältnisse zu sagen.

Fedia graciliflora. Ich fand 4—6 Zähne.

Scabiosa prolifera. Im eigentlichen Kelch fand ich 5 lange Borsten in der entwickelten Blüthe wie die Blätter eines gewöhnlichen Kelches orientirt ($\frac{2}{5}$); selten sah ich 6. Im membraneusen Involucellum war die Zahl der Rippen 37—40.

Knautia arvensis. Von 32 Blüthen eines Köpfchens hatten 9 acht Kelchzähne, 14 neun, 6 zehn, 1 sieben, 1 elf, und 1 zwölf. Wenn 8 entwickelt waren, war die Stellung wie in Eichler's Diagram Fig. 148D. Bei anderen Zahlen können verschiedene Stellungen vorkommen, Zweitheilungen der in der Mediane liegenden und anderen u. s. w.

Cephalaria sp. Im Involucellum fand ich 4 grosse, quer-median liegende Zähne, und zwischen je zwei von ihnen eine kleine, die auch in zwei getheilt sein konnte. Der Kelch hatte einen Saum, der sehr unregelmässig in 17—24 grössere und kleinere Zipfel getheilt war.

4. Der morphologische Werth der Kelchtheile.

Hierüber liegen, wie bekannt, verschiedene Ansichten vor. Einige (z. B. Cassini[1]), Hofmeister, S. Lund) halten jeden Pappus-Körper für ein selbstständiges Blatt; andere haben den Compositen gänzlich einen Kelch abgesprochen (z. B. früher Buchenau); andere wie Eichler[2]) (Blüthendiagramme I. 289) schreiben »den Compositen wirklich einen Kelch zu«, für den er »den Pappus« hält[3]).

Dieser Auffassung stehen Köhne, ich und jetzt auch Buchenau am nächsten; ich habe den Kelchwulst für den eigentlichen Kelchblatttheil gehalten (»Trichomes etc.«) und die Pappus-Körper für eine Sammlung von Trichomen (Haare, Emergenzen); ich habe jetzt diese Anschauung ein wenig modificirt, wie aus dem folgenden hervorgehen wird. Am nächsten hieran schliesst sich auch der neueste systematische Bearbeiter der Compositen, Bentham[4]):

---

1) »L'aigrette est un assemblage de bractées, lesquelles sont disposées à peu près comme celle des calices ordinaires« . . . . »tout à fait analogues aux paillettes du clinanthe et aux écailles du péricline.« (Opusc. I, 219, 221).

2) Wenn Eichler (Diagr. 289) Lund als seiner und der Köhne'schen Ansicht gehörig aufführt, ist dieser Irrthum sehr zu entschuldigen, denn Lunds Darstellung und Schlüsse »que l'aigrette est un vrai calice« sind so nebelig-unklar, dass man leicht irre fährt.

3) oder bei dessen Ermangelung den schmalen Rand, der den Fruchtknoten umsäumt, in Anspruch nimmt«; »es verschlägt für diese Auffassung nicht viel, ob man hierbei, wie es manche gethan, die einzelnen Borsten, Schuppen etc. bei Ueberzahl als zerspaltene Phyllome von trichomatischer Ausbildung ansehen, die Minderzahl durch Abort erklären will, oder ob man es vorzieht, dieselben als trichomatische Wucherungen des in seinem eigentlich phyllomatischen Theil auf jenen mehrerwähnten Saum reducirten Kelches aufzufassen. Denn bei der einen wie der anderen Annahme gehören sie doch dem Kelche als Theile desselben an.«

4) »If the pappus is a reduced calyx-limb, then in all cases where it consists of a single ring of bristles or paleae it is easy to suppose that these may represent the parallel veins, nerves, or ribs of the calyx-lobes or calycine leaves . . . .; but where these bristles are very numerous and crowded in a dense tuft, scarcely separable into series, or where they form several concentric series, very distinct from each other and often differing in nature, their homology is not so easy to settle. Most probably the longest or principal series repre-

Andere, wie Hänlein, meinen »der ganze Streit um die Natur des Pappus sei zum grossen Theil ein reines Wortgefecht«; »es wird immer mehr oder weniger der individuellen Anschauung überlassen bleiben müssen, den Pappus für einen Kelch zu halten, oder nicht« (l. c. 34); vergleich hierzu Köhne's Bemerkung weiter unten.

Ich werde im folgenden die rechte Auffassung des Pappus darzustellen suchen.

Das empirisch wohlbekannte Diagram der Compositen-Blüthe[1]) muss theoretisch mit einem Kelche ergänzt werden; denn die Krone, Staub- und Fruchtblätter der Compositen entsprechen unzweifelhaft der Krone etc. der nächst verwandten (Calycereen, Rubiaceen, Lonicereen u. s. w.), und bei allen diesen finden wir ausserhalb der Krone einen vierten Blattwirtel, einen Kelch, und ein Hinblick auf die übrigen eine so natürliche und in so vielen Punkten übereinstimmende Gruppe bildenden Sympetalen muss nur diese Auffassung der Compositen bestätigen. Ferner überzeugt dieselbe Vergleichung mit den Sympetalen uns davon, dass die Vorfahren der Compositen einen 5-zähligen, mit der Krone alternirenden, blattartig ausgebildeten Kelch gehabt haben müssen, so wie vielleicht auch zwei Bracteolen. Es ist aber richtig, dass wir nicht schliessen dürfen: die jetzigen Compositen müssen auch einen 5-zähligen Kelch haben; denn so wie wir überhaupt annehmen müssen, dass ein Typus einerseits durch Verminderung und Elimination der Glieder, andererseits durch Vermehrung (z. B. durch Dédoublement oder auf andere Weisen) verändert werden kann, so müssen wir auch annehmen, dass auch der Bauplan der Compositen-Vorfahren in einen anderen geändert worden sein könnte, und dass z. B. der 5-zählige Kelch in einen vielzähligen übergegangen sein könnte. Die Compositen bilden ja doch eine Gruppe, die sich in gewissen Richtungen bedeutend von den verwandten entfernt hat.

---

sent the calyx-ribs, which may sometimes, owing to their great number and crowded state, become forced, as it were, into two or three apparent series, when they are originally in a single one . . . .; the gradually diminishing outer rows . . . . may be analogous only to those extra-teeth or appendages of some Melastomaceae, Verbenaceae etc. which have been called epicalyces.« (Linnean society's Journal, XIII).

1) Vergl. Eichler Diagr. I, 285.

Die Frage von dem morphologischen Werthe des Pappus löst sich nun in folgende auf:

Welchen Werth hat der Kelchwulst? ist er der rudimentäre Kelch?

Sind die Pappus-Körper alle gleichwerthig, oder sind sie ungleichwerthig?

Wenn sie gleichwerthig sind, sind sie dann alle phyllomatischer oder alle trichomatischer (metablastematischer) Natur?

Wenn sie ungleichwerthig sind, welche sind dann phyllomatischer, welche trichomatischer Natur?

Sind diejenigen, die phyllomatischer Natur sind, als selbstständige Blätter oder Hauptblattzipfel oder sind sie theils als solche, theils als Seitenzipfel zu betrachten?

Der Kelchwulst und seine Ecken.

Betrachten wir zuerst die Pflanzen des *Cirsium-Tragopogon*-Typus.

Die fünf zuerst entstehenden Pappus-Körper bei *Scorzonera*, *Tragopogon* und anderen Gattungen, die selbstständig auf der Axe zum Vorschein kommen, sind als die fünf Kelchblätter aufzufassen; denn a) sie stehen auf der Höhenzone, auf welcher der Kelch zu erwarten wäre, b) alterniren in den Fällen, wo die Entwickelung am regelmässigsten vor sich geht, genau mit der Krone, indem sie nach $\frac{2}{5}$ gestellt sind, und in den anderen Fällen, wo sie nicht genau mit der Krone alterniren, muss dieses aus dem Drucke der umgebenden Blüthen sich erklären; es zeigte sich aber, dass die Zahl der zuerst gebildeten und sich genauer zusammenschliessenden Körper nicht in dem Grade von der Stellung der umgebenden Blüthen abhängig ist, dass z. B. vier gebildet werden, wenn es nach dem vorhandenen Raume scheinen müsste, es wäre das natürlichste, nur vier auszubilden (man vergleiche z. B. Taf. I, Fig. 23); dieses Beharren bei der Zahl 5 hat seine grosse Bedeutung; nur wo das Ovarium ungemein stark zusammengedrückt ist (*Bidens* etc.), muss die Zahl auf weniger als 5 sinken; c) sie entstehen bei einigen zu der Zeit, wenn die Kelchblätter entstehen sollten, nämlich gerade vor der Krone, bei anderen etwa gleichzeitig mit ihr oder wenig später; d) sie sind bisweilen die einzig vorhandenen und dann besonders stark entwickelt und als typische Kelchblätter gestellt (*Tragopogon,* oben S. 91—92); e) endlich zwingt der Hinblick auf die verwandten Pflanzen zu diesem Schluss. Besonders werde ich hier die Calyceraceen erwähnen.

Buchenau hat (Bot. Ztg. 1872) die Entwickelungsgeschichte von *Acicarpha tribuloides* Juss. mitgetheilt. Diese Pflanze hat 5 regelmässig gestellte, mit den Kronblättern alternirende Kelchblätter, die bei den Randblüthen gross und dick, fast fleischig sind, theilweise in harte Dornen auslaufen, und auch Gefässbündel führen. Diese unzweifelhaft ächten Kelchblätter werden später angelegt, als die Kron- und Staubblätter. Ich kann hierzu noch die Entwickelungsgeschichte von *Acicarpha spathulata* Brown fügen. Sie steht den ursprünglichen Verhältnissen noch näher als jene Art, denn die Kelchblätter werden vor oder fast gleichzeitig mit den Kronblättern und in Alternation mit ihnen angelegt (8, Fig. 34), sind übrigens auch in den äusseren Blüthen dornförmig ausgebildet und führen Gefässbündel[1]).

---

1) Ueber diese brasilianische Strandpflanze noch folgende Bemerkungen. Sie scheint perenn zu sein, nicht »annua« wie Richard schreibt in seiner »Mémoire sur une famille des plantes dite Calycérées«. Die Blätter stehen nach $^3/_8$. Das Köpfchen ist terminal; in der Achsel des obersten Blattes entspringt die stärkste und am frühesten zur Entwickelung kommende Knospe; die Achselknospen der anderen Blätter werden in absteigender Folge immer schwächer. Der oder die (gewöhnlich 2) obersten werden zu mit Inflorescenzen beschlossenen Zweigen entwickelt. Das Involucrum besteht gewöhnlich aus 5 laubblattartigen Blättern, die durch ihre Grösse deutlich Spiral $^2/_5$ angeben; jedes Involucral-Blatt ist Mutterblatt einer Blüthe. Alle folgenden Blüthen sind von Deckblättern gestützt. An der Spitze des Köpfchens werden die Deckblätter steril, die Blüthenbildung hört auf. Während der Anlegung der Blüthen ist die Axe besonders hoch, und hat eine kuppelförmige Spitze; während die untersten Blüthen schon Staubblätter gebildet haben, ist die Anlegung neuer Blüthen noch nicht abgeschlossen. Die Gefässbündel führenden Deckblätter werden vor den Blüthen angelegt, sind nicht viel mit ihnen vereinigt. Die untersten Blüthen sind zwitterig, die obersten männlich, indem nur die Ovarial-Höhle, nicht das Eichen zur Entwickelung kommt. Von den fünf Kelchblättern sind die zwei vorderen und das hintere die stärksten; eine Andeutung von der $^2/_5$ Entwickelungsfolge ist also vorhanden. 6-zählige Kelche habe ich jedoch auch gesehen, obgleich selten; in den männlichen Blüthen fand ich nie mehr als 5; in diesen sind die Kelchblätter klein und blattartig ohne Gefässbündel, bei jenen stark stechende, dornig und führen mehrere Gefässbündel. Die Krone hat nicht nur Commisural-Gefässbündel, wie bei den Compositen, sondern auch mediane. Die

Wir haben somit in diesen beiden *Acicarpha*-Arten bei der einen Bildung der Kelchblätter vor der Krone, bei der anderen nach der Krone und den Staubblättern, bei allen beiden aber die gewöhnliche Stellung und Zahl der Kelchblätter der 5-blättrigen Krone gegenüber. Und ferner sind sie in den Randblüthen stark entwickelt, wohl auch chlorophyllführend, mit mehrern Fibrovasal-Strängen versehen, während die der Scheibenblüthen dünner, kleiner, gefässbündellos sind.

Ist es bewiesen, dass die fünf ersten »Pappus-Körper« bei *Tragopogon*, *Scorzonera* und ähnlichen die 5 Kelchblätter sind, denen von *Acicarpha* völlig homolog, müssen wir nothwendig diesen Schluss auf alle die Gattungen ausdehnen, wo jene fünf Körper weniger regelmässig stehen und die Verspätung der Kelchanlage grösser ist, denn Grenzen lassen sich nicht ziehen, und von *Tragopogon* u. a. werden wir ganz leise zu *Carduus*, *Cirsium*, *Leontodon*, *Sonchus*, *Hieracium* u. s. w. geführt.

Diese Verspätung in der Bildung des Kelches kann nicht geläugnet werden, kann auch nicht als Beweis gegen die Kelchnatur der betreffenden Bildungen dienen. Es würde ja doch absurd sein, der einen *Acicarpha* einen Kelch zuzuschreiben, der anderen einen solchen absprechen zu wollen, weil in dem einen Fall die fünf Dornen vor, in dem anderen nach der Krone entstehen. Frank[1]) hat neulich versucht, den Beweis zu führen, dass die akropetale Entstehungsfolge in einigen Fällen doch vorkommt, wo man Einschaltung von Blättern oder Blattkreisen unterhalb älteren angenommen hat. Er mag wohl Recht

---

Entwickelung dieser Blüthe ist folgende. Die junge Blüthe ist erst halbkugelförmig; dann werden die Kelchblätter angelegt, nach Spiral $^2/_5$, wenn ich mich nicht geirrt habe. Nur sehr wenig später flacht die Blüthenanlage sich ab, wird ein wenig vertieft (8, 34), und die Kronblätter werden gebildet. Der histiologische Aufbau der Kelch-, Kron- und Staubblätter ist der gewöhnliche, speciell der bei den Compositen beobachtete. Die ersten Theilungen zur Anlegung der Staubsäcke verlaufen ganz wie bei diesen. Das Eichen wird an der hinteren Wand der Ovarial-Höhle, oberhalb des schräg abfallenden Bodens dieser Höhle angelegt, unter der Epidermis, krümmt sich aber entgegengesetzt dem der Compositen nach abwärts, gegen den Grund des Fruchtblattes.

1) Frank: Ueber die Entwickelung einiger Blüthen mit besonderer Berücksichtigung der Theorie der Interponirung. Pringsheim's Jahrbücher. X. 2. Heft 1875, S. 204.

haben, wenigstens in einigen der besprochenen Fällen, sowie auch Celakovsky darin Recht haben wird, dass mehrere der angenommenen basipetalen Blattbildungs-Prozesse in der That auf Bildung von Blättchen zusammengesetzter Blätter beruhen; dass aber Einschaltung von Blättern oder Blattwirteln unterhalb älterer in der That vorkommt, dass zeigen doch ganz bestimmt die Compositen und Verwandten. In den von Frank untersuchten Familien (Papilionaceen, Geraniaceen, Oxalideen, Malvaceen, Primulaceen) werden die, wie man annahm, interponirten Organe später kräftig entwickelt; bei den Compositen, verschiedenen Rubiaceen[1]), Dipsaceen[2]), Valerianaceen[3]), wo der Kelch wirklich nach der Krone angelegt wird, bleibt er dagegen auch mehr oder weniger rudimentär, und die Regel bleibt ungestört: dass Organe, die rudimentär werden, »eine dem Grade des Schwindens meist proportionale Verspätung in der Anlage zeigen«. (Eichler, Blüthendiagramme).

Oben habe ich den Schluss gezogen, dass die 5 ersten »Pappus-Körper« den Ecken des »Kelchwulstes« völlig homolog sein müssen, weil alle möglichen Uebergänge sich auffinden lassen zwischen dem *Cirsium-Tragopogon*-Typus und dem *Senecio-Lactuca*-Typus oder dem *Centaurea*-Typus. Damit ist denn auch die Erklärung des Ringwulstes und seiner Ecken gegeben. Doch möchte ich der Klarheit wegen diesen Kelchwulst etwas umständlicher besprechen.

1. Der Kelchwulst ist eine wirklich durch besondere Zelltheilungen hervorgerufene Bildung, nicht eine mehr passiv durch Einschnürung und Schwellung des Ovariums zu Stande kommender vorspringender Rand, was wohl von Buchenau u. A. angenommen wurde, und auch

---

1) Payer, Organogénie pg. 633: »Ce n'est qu' après l'apparition de la corolle et des étamines que l'on voit poindre ce que les botanistes appellent le calice. C'est un bourrelet circulaire sur lequel on n'aperçoit jamais à aucun âge la moindre trace de crénelures« (*Rubia, Galium, Asperula*).

2) Payer, Organogénie pg. 630: »Le calice n'apparait qu' après la corolle«.

3) Payer, Organogénie pg. 625: »Ce n'est qu' après la naissance de la corolle et des étamines qu'on voit apparaître le calice sous la forme d'un petit bourrelet qui fait le tour de l'ovaire«. (*Centranthus, Fedia, Valeriana*). Vergl. auch Buchenau: Blüthenentwickelung.

leicht anzunehmen war, so lange man die histiologische Entwickelung nicht kannte. Der Ringwulst ist also ein selbstständiges morphologisches Organ, und verlangt als solcher auch seine morphologische und phylogenetische Erklärung (ob Discus, Blattbildung, Axenschwellung).

2. Anatomisch lässt sich nicht entscheiden, ob der Ringwulst eine Blattbildung ist, oder ein Discus (Metablastem), oder eine Axenschwellung (wenn überhaupt solche existiren, welche nicht unter den Begriff: »Discus« und »Metablastem« eingehen müssen); denn wie ich oben gezeigt habe, ist die Entwickelungsweise dieselbe, und es ist eine feststehende Thatsache, dass »Uebereinstimmungen oder Differenzen der äusseren Form, des inneren Baues, der Function nicht massgebend sind für die Deutung eines gegebenen Gebildes als Axe, Blatt oder Haar« (Hofmeister, Allgem. Morphol.). Seine Entwickelung ist dieselbe wie die des »Discus« am Grunde des Griffels; er könnte recht wohl — anatomisch betrachtet — ein »Discus« sein.

3. Der Ringwulst steht aber an dem Platze eines Kelches, gleich ausserhalb der Krone, und obgleich die Möglichkeit des Vorkommnisses von Discus-Bildungen an der Blüthenaxe ausserhalb der Krone nicht zu läugnen ist, sind solche doch äusserst selten (kommen z. B. vielleicht bei gewissen Loranthaceen vor; vergl. Eichler, Loranthaceae in Flora Brasil. pg. 18). Es liegt schon hierin ein Grund zu der Annahme, dass er eine Kelchbildung ist.

4. Aus der Vergleichung mit den benachbarten Pflanzen geht aber ganz sicher hervor, dass der Ringwulst dem Kelche homolog ist: Nicht nur, dass er einerseits in seiner Stellung genau dem bei *Acicarpha*, *Tragopogon* etc. angelegten Kelche entspricht, und mit ihm durch alle erdenkliche Zwischenglieder verbunden wird, sondern andererseits kommen bei den verwandten Familien (Rubiaceen u. s. w.) Bildungen vor, von denen es durch Vergleich der verschiedenen Gattungen der betreffenden Familie sich durchaus sicher sagen lässt, dass sie einen Kelch repräsentiren, und die dem Ringwulste der Compositen auch in Form, Entwickelungsgrad u. s. w. völlig gleich sind. Es fällt in die Augen, dass der Kelch in der ganzen Gruppe der Aggregaten schwach entwickelt ist, eine Neigung zum Schwinden hat (vergl.

Eichler, Blüthendiagramme) (ob dies einfach eine Folge des Druckes ist, oder ein Correlations-Verhältniss, was ich eher glaube, ist schwierig zu sagen), und dem entsprechend spät angelegt wird.

Der Kelch von *Rubia*, über dessen wahre Kelchnatur doch Niemand Zweifel gehabt hat, ist nach Payer's Worten (siehe oben S. 14, Anm. 1) und Zeichnungen (Organogén., Pl. 126) dem Ringwulste vieler Compositen völlig gleich[1]).

Ich schliesse denn: der bei vielen Compositen ausserhalb der Krone auftretende Ringwulst ist dem Kelche homolog. Alle diejenigen Arten, bei welchen selbst nur vereinzelte Zelltheilungen in der Zone auftreten, in welcher dieser Wulst zu liegen pflegt, haben, wenn diese Zelltheilungen übrigens mit denen übereinstimmen, durch welche der Ringwulst angelegt wird (also Gattungen wie *Calendula*, *Bellis* u. s. w.) factisch einen Kelch. Treten gar keine solche Zelltheilungen auf, ist der Kelch factisch nicht, wohl aber »potentia« vorhanden.

Dieser Ringwulst wird ferner von 5 Blättern gebildet selbst in dem Falle, wo er ein Cyclom sein möchte, und im Allgemeinen muss man sagen, dass seine 5 Ecken den Blattspitzen entsprechen. Es könnte die Bildung von Ecken an dem Kelchwulste überhaupt als eine nothwendige Folge des Druckes zu betrachten sein, ebenso wie die an den Discus-Bildungen (Nectarien) vieler Compositen, Gesneraceen, Solanaceen u. s. w. vorkommenden Ausbuchtungen sicher nur Folgen des Druckes der umgebenden älteren Organe sind. Aus dem Zusammenhange, der zwischen dem Kelche einer *Scorzonera* und dem jeder anderen Gattung besteht, geht aber als unabweisliches Resultat hervor, dass die Ecken des Kelchwulstes eine tiefere Bedeutung haben, und eben Kelchblattspitzen sind. (Man vergleiche die Abbildungen von *Taraxacum* (**6**, 31, 32), *Conoclinium* (**4**, 36), *Lappa* (**4**, 8, 9) mit denen von *Scorzonera* (**3**, 24, 25), *Tragopogon* (**3**, 1—4), *Cirsium* (**1**, 23; **2**, 5—8), *Carduus* (**2**, 17—19) und von *Thrincia* (**4**, 33), *Senecio* (**5**, 26—28), *Sonchus* (**6**, 1—5), *Hieracium* (**9**, 9—10), *Hypochoeris* (**9**, 22)

1) Solche Ringwülste sind also vollständige »Cyclome«. Es ist mir doch wahrscheinlich, dass man bei den meisten Compositen finden wird, dass die Anlegung doch nicht völlig gleichzeitig ringsum Statt findet.

u. a. Der Unterschied zwischen allen diesen Kelchen liegt eben nur darin, dass die Kelchblätter bei einigen längere Zeit isolirt wachsen, während das Vereintwachsen bei anderen schneller eintritt. Ein anderer Unterschied liegt, wie schon oben hervorgehoben, in dem Verhältniss des Pappus zu dem gamophyllen Kelchtheile; bei den Gattungen der ersten Gruppe ist er stark und jedes Kelchblatt läuft direct in einen Pappus-Körper aus, bei der anderen Gruppe ist der Pappus schwach ausgebildet, und jedes Kelchblatt trägt an seiner breiteren Spitze mehrere Pappus-Körper. Hieraus erhebt sich der Verdacht, dass die Pappus-Körper vielleicht von verschiedenem morphologischen Werthe sein können. Wir werden dadurch zur specielleren Betrachtung der Pappus-Körper geführt [1]).

---

1) Ehe ich zu dieser Frage übergehe, werde ich noch kurz der Einwendungen Lunds gegen mich Erwähnung thun. Ich habe früher gelegentlich die Meinung ausgesprochen, dass der Ringwulst ein selbstständiges, durch specielle Zelltheilungen entstandenes Organ und dass er dem Kelche homolog sei (auf welchem dann die als Haare zu betrachtenden Pappus-Körper auftreten); es steht z. B. in meiner Abhandlung über die Grenze zwischen Trichomen und höheren Epiblastemen (Videnskab. Meddel., Résumé, pg. 26): »Je dois considérer comme le véritable calice des Composées actuelles le bourrelet faiblement développé qui se forme, chez la plupart des genres, sous la corolle, et d'où naissent les rayons de l'aigrette«; und im Texte pg. 188: »ad basin corollae partitionibus cellularum perpaucarum conditur calyx rudimentarius annuliformis«; ich habe sie auch anderswo (z. B. Recherches sur la ramification etc.) zum Ausdruck kommen lassen, und ich habe sie besonders in einem öffentlichen Vortrage, Lund gegenüber, durch Hinweisung auf die verwandten Pflanzen (Rubiaceen) und die Uebereinstimmungen in Stellung und Entwickelungsweise zwischen dem Kelche dieser und dem Compositen-Wulste bestimmt begründet. Gegen mich wendet Lund nun folgendes ein (Anticritique, Résumé pg. 11): »Dans cette famille „(die Compositen)“, qui tient un rang si élevé, et chez laquelle on doit absolument s'attendre à rencontrer un calice, on ne trouve sur l'axe floral, immédiatement en dehors de la corolle, d'autre organe que l'aigrette; et ce n'est pas seulement un genre isolé, mais toute une immense famille qui présente cette particularité. Que ce soit là un argument essentiel en faveur de notre thèse que l'aigrette doit être regardée comme une calice, le fait que les botanistes d'il y a 20 ans l'ont surtout invoqué, en fournit bien la preuve. M. Warming passe ce point entièrement sous silence« (? !), »en mettant sans autre en parallèle les aiguillons du genre *Agrimonia* et l'aigrette des Composées« (unrichtig). »Si l'on objectait que la place du calice, chez les Composées, est

Morphologischer Werth des Pappus.

Wenn die Compositen keinen Pappus gehabt hätten, und wenn der Kelch etwa an dem Entwickelungs-Stadium stehen geblieben wäre, wo ein fünfeckiger Wulst oder fünf konische Körper nur zum Vorschein gekommen sind, würde es gewiss Niemanden eingefallen sein, daran zu zweifeln, dass sie einen fünfblättrigen sehr rudimentären Kelch hatten; ebenso wie wohl keiner daran zweifelt, dass die Stellaten oder die Umbelliferen mit sehr rudimentärem Kelch einen solchen wirklich haben mit eben so viel Blättern, als Kronblätter vorhanden sind. Nun kommt aber der Pappus zur Entwickelung, und dann ist es mit der ruhigen gesunden Betrachtung aus.

---

occupé par un autre organe que l'aigrette, savoir le bourrelet, je répondrais qu'une pareille objection est sans valeur« (Verf. scheint also eine Ahnung davon zu haben, dass ich (- on -) auf diesen »bourrelet« die Aufmerksamkeit gerichtet habe); »car il y a tout aussi peu d'opposition entre l'aigrette et le bourrelet, qu'entre un lustre et le crochet qui sert à le suspendre«. (Der Gedanke ist fast nicht zu verstehen: wenn die Meinung die sein sollte, dass Pappus und Wulst in Gegensatz zu einander stehen, nun dann muss Lund ja doch nachweisen, was für ein morphologisches Ding der Wulst ist; meint er aber, dass Pappus und Wulst ein und dasselbe ist, — und das ist wohl die Meinung —, nun dann sind wir ja auf der schönsten Weise einig, denn nach ihm ist der Pappus »un vrai calice« und nach mir ist der Wulst der Kelch, und es geht deutlich aus meiner Abhandlung hervor, dass ein Grund, warum ich den Wulst für den Kelch erklärte, eben auch der war, dass er auf dem Platze des Kelches steht. Noch verdient folgende Stelle, die leider nur im dänischen Texte zu finden ist, angeführt zu werden. Verf. fragt: Giebt es in der Entwickelung der Blüthe sonst etwas, das dafür sprechen könnte, dass der ursprüngliche Kelch (bei den Vorfahren der Compositen) unterdrückt worden wäre, und dass der Pappus eine Sammlung von Trichomen sei? Er sagt demnächst: »Die Wulstbildung, auf welcher der Pappus sitzt, wird genannt (Dr. Warming).« (Verf. vergisst hier, dass er einige Blätter früher gesagt hat: »si l'on objectait«; er weiss also, dass ich dieser »on« ist. Warum ist es ihm so unangenehm, dass ich auf diesen Wulst als den Kelch hingewiesen habe?) Dann heisst es weiter: »aber die Existenz des Wulstes passt eben so gut mit der 1. als mit der 2. Uebergangsweise. Der Wulst trägt ebenso gut 20 als 5 als 0 Kelchblätter: die Existenz des Wulstes ist ein völlig indifferentes Moment«. Ich kann mich angesichts derartiger logischer Aussprüche ruhig darin finden, wenn Lund meine Meinung und die Gründe für diese nicht verstehen kann. Hiermit ist Lund mit der Behandlung des Wulstes fertig!

Die Pappus-Körper, die nach den fünf ersten (»Kelchblättern«) angelegt werden, könnten

a) entweder Metablasteme (Haare, Emergenzen) am Rande und an der Oberfläche des Kelches sein;

b) oder Zipfel und Lacinien der stark getheilten Kelchblätter;

c) oder vielleicht sogar selbstständige Blätter sein.

Was die ersten zwei Möglichkeiten betrifft, so wird es äusserst schwierig, ja unmöglich sein können, in jedem gegebenen Falle zu entscheiden, ob ein Gebilde als ein Metablastem oder als eine Blatt-Lacinie aufzufassen ist. Betrachten wir die Blätter vieler Cynareen; sie haben viele grössere und kleinere seitliche Ausbuchtungen; jede Ausbuchtung läuft so wie auch die Spitze des Blattes selbst in einen starken Dorn aus; ist dieser Dorn als die äusserste Spitze der Blatt-Lacinie selbst zu betrachten, oder als ein derselben aufsitzendes Metablastem (Emergenz), und in diesem letzten Falle: wo ist die Grenze zwischen dem Blatte und dem Metablasteme? Ferner: zwischen den die Blattausbuchtungen beschliessenden Dornen sitzen viele andere auf dem Rande des Blattes in den verschiedensten Grössen und den allmäligsten Uebergängen bis zu den kaum 1 Millimeter grossen haarähnlichen kleinsten. Sind diese kleinen auch als Blatt-Lacinien zu betrachten oder als Metablasteme des Blattrandes? und in dem letzten Falle: wo ist die Grenze zu ziehen zwischen denen, die nur Metablasteme sind, und denen, die auch einen Theil der Lamina mit sich nehmen. Man sieht leicht, die Frage gehört zu denen, bei welcher Lösung die individuelle Auffassung sehr mitspielt, und es dürfte in der That auch oft sehr gleichgültig sein, ob man sich für das eine oder das andere entscheidet; denn seien sie Metablasteme oder seien sie Lacinien, sie gehören doch einem Blatte als dessen Theile an. Von grösserem Interesse dürfte jedoch die Frage sein, wenn sie einen phylogenetischen Hintergrund erhält, so wie eben bei den Compositen.

Dagegen dürfte man doch was die letzte Möglichkeit: ob jeder Pappus-Körper ein selbstständiges Blatt ist, oder nicht, mit Sicherheit zu einer Lösung kommen können, obgleich auch diese Frage (ob Blatt oder Blatt-Lacinie?) nicht immer mit Leichtigkeit zu beantworten ist, denn Glieder, die uns ontogenetisch als selbstständige Blätter entgegentreten, werden oft phylogenetisch als durch tief gehendes Dédoublement entstandene Blatt-Lacinien zu betrachten sein.

Die Fragen lassen sich auch so stellen: Wie ist die Entwickelung der Compositen-Vorfahren in die jetzigen Compositen vor sich gegangen? Schwanden die fünf Kelchblätter bei jenen nach und nach ein, bis nur der fünfeckige Wulst übrig blieb, indem gleichzeitig die Haare des behaarten Kelches eine immer grössere Bedeutung erhielten?

Oder fingen die, vielleicht ausgebuchteten und fiedertheiligen Kelchblätter an, sich noch stärker zu theilen, so dass sie sich zuletzt in eine grosse Zahl von gleich dicken borstenförmigen Zipfeln auflösten, (so wie ich annehmen muss, dass die Bracteen sich bei den Cynareen in Borsten aufgelöst haben), wodurch die fünf Kelchblätter oder vielmehr ihre Hauptzipfel schliesslich den Seitenzipfeln gleich wurden?

Diese Entwickelungsweise würde also Dédoublement sein und Analoga finden z. B. bei Capparideen u. a.[1]).

Oder traten zwischen und unter den fünf ursprünglichen Kelchblättern andere auf, ganz so wie wir in vielen Blüthen (ontogenetisch) das Auftreten von Blättern zwischen anderen und nach anderen beobachten?

Um diese Fragen zu entscheiden, stellen wir das zusammen, was wir über die Pappus-Körper wissen, und betrachten die Bedeutung der gewonnenen Thatsachen für die Lösung der Fragen. Sehr möglich ist es, dass die Entstehung des Pappus auf verschiedenen Wegen vor sich gegangen ist.

a) Die Entstehung im Allgemeinen (die Entstehungsfolge).

Die regelmässige basipetale Folge der Pappus-Körper bei Pflanzen der *Cirsium-Tragopogon*-Gruppe könnte sowohl auf Blatt-Lacinien und Metablasteme als selbstständige Blätter passen. Denn die Staubblättchen mancher zusammengesetzten Staubblätter werden in ganz übereinstimmender Folge angelegt am Rande und am Rücken des Blattes, indem die Blättchen sich in Alternation mit den höher stehen-

---

1) Vergleiche Eichler: Ueber den Blüthenbau der Fumariaceen, Cruciferen und einiger Capparideen, in Flora 1865.

den zu stellen suchen[1]), und auch Metablasteme (Emergenzen) werden oft in regelmässiger nach einer Seite hin fortschreitender Folge angelegt, so dass wir selbst für die am regelmässigsten vorschreitende Anlegungsfolge Analoga unter solchen auffinden können: *Agrimonia*[2]).

Auch in den Fällen, wo ein Kelchwulst angelegt wird, ehe die eigentlichen Pappus-Körper zum Vorschein kommen, bleibt es durch die Entwickelungsfolge allein unentschieden, ob wir mit Blattzipfeln oder Metablastemen zu thun haben. Als Blatt-Lacinien lassen sie sich auffassen, analog dem z. B. bei den Cistineen vorkommenden Fall (Payer l. c. Pl. 3), wo unzweifelhaft durch Vereintwachsen der fünf Staubblätter ein Ringwulst entsteht, ohne dass die Podien selbstständig hervortreten, auf welchem die Blättchen denn in basipetaler Folge zum Vorschein kommen[3]). An dieser Stelle kann auch daran erinnert werden, dass Glieder so genau zusammenschmelzen können, dass sie fast wie eine einheitliche Masse sind, welche als Axe für andere Neubildungen dienen kann, z. B. die Fruchtblätter der Lepidocaryineen, an welchen Emergenzen in basipetaler Folge mit grosser Regelmässigkeit entstehen. — Aber auch als Metablasteme liessen sie sich auffassen und zwar viel besser, wenn auf die Fälle Rücksicht genommen wird, in welchen sie in divergirender Folge hervortreten und zugleich mitten zwischen älteren interponirt werden (*Lappa*, *Lactuca* etc.). Denn während es zu den allerhäufigsten Erscheinungen gehört, dass Trichome in völlig unbestimmter Folge entstehen, kennen wir noch keinen sicheren Fall, — soviel ich weiss — wo Lacinien eines Blattes so unregelmässig entstehen. Zugleich muss wieder hervorgehoben werden, dass die Pappus-Körper, selbst diejenigen, welche auf den Kelchecken stehen, sich bei diesem Typus als etwas Verschiedenartiges in Gegensatz zu dem Kelche stellen, und an Masse diesen gegenüber weit mehr zurück-

1) *Hypericineae* (Payer, Organog. Pl. I, Warming, Ramification Pl. XI, Fig. 20—23), *Tiliaceae*, *Malvaceae*, *Dilleniaceae*, *Philadelpheae*, *Loaseae* u. a. (bei Payer, l. c.), *Capparideae* (bei Eichler, Flora 1865), ferner *Rubiaceae* (Stipeln) (bei Eichler: Entwickelungsgeschichte des Blattes) zeigen Beispiele von Entwickelungen getheilter oder zusammengesetzter Blätter, welche vorzüglich mit der Entwickelung des Pappus verschiedener Compositen übereinstimmen.

2) Warming, »Trichomes«; es ist hier ohne Bedeutung, dass die Haken des Kelches nicht auf einer besonderen Erhöhung entstehen.

3) Vergl. Celakovsky, Flora 1874.

stehen. Die Annahme ist dann die natürlichste, dass sie wirklich alle Trichome sind.

Sollte jeder Pappus-Körper ein selbstständiges Blatt sein, so würde dies zwar sehr leicht für die 5 ersten zu beweisen sein, allein für alle folgenden, die auf dem verbindenden Wulste entstehen[1]), um so viel schwieriger. Wir müssten dann den Ringwulst entweder als eine Axen-Anschwellung betrachten, an welcher sie entstanden, oder als eine durch Vereintwachsen aller Blätter entstehendes Primordium, aus welchem sie sich nach und nach selbstständig herausdifferenzirten. Im ersten Falle müsste bewiesen werden, dass der Ringwulst eine Axen-Anschwellung sei, und hierfür vermag ich keine Gründe zu finden. Im zweiten erhielten wir ein Primordium von einer ungeheuren Menge von Blättern gebildet, die auf verschiedener Höhe inserirt sind; ein solches Primordium kennen wir nicht. In den Cyclomen der Primulaceen, Malvaceen, Oenotheren u. a. ist doch nur ein Blattwirtel vorhanden, und dieser Fall primitiven Vereintwachsthums lässt sich sehr leicht in Einklang mit den sonst bekannten Beispielen von Vereintwachsen von Organen eines Wirtels bringen; zwar liegen auch Fälle vor, wo ein primitives Vereintwachsen von Organen, die zwei aneinander liegenden Wirteln gehören, vorkommen (z. B. Kron- und Staubblättern bei *Saxifraga* nach meinen eigenen Untersuchungen, Kron- und Staubblättern bei *Canna* nach Eichler in Botan. Ztg., 1873), aber ein Fall, wie dieser sein würde, ist noch unbekannt und kommt wahrscheinlich auch nicht vor; denn der Ringwulst, welcher den Staubblättern bei den Cistineen (Payer l. c. Pl. 3) vorausgeht, ist ja anders zu deuten. Selbst wenn er als Podium einer Menge vereint wachsender basipetal entstehender Blätter zu betrachten sein sollte, oder selbst wenn bewiesen werden könnte, dass der Kelchwulst wirklich eine Axen-Bildung wäre, an welchem die Pappus-Körper frei entständen, so ist eine so unregelmässige, unordentliche Entstehungsfolge von Blättern wie die bei einer *Lappa*, *Lactuca*, *Senecio*, *Cineraria*, *Sonchus* vorkommende Entstehungsfolge der Pappus-Körper völlig analogielos, dem Blatte sicherlich ganz fremd (vergl. unten: Stellungsverhältnisse).

---

1) Hie und da kommt es wohl vor, dass 6 vielleicht auch noch mehr selbstständig entstehen. Ueber die Erklärung von diesem Falle siehe unten.

Dass Theorien von primitivem Vereintwachsthume mehrerer Blattwirtel aufkommen können, zeigt Köhne's Theorie der Compositen-Blüthe. Daher fand ich es nicht überflüssig, diese Annahme hier kurz zu besprechen.

Was ich aus der Entwickelung im Allgemeinen schliessen muss, ist dieses: die Pappus-Körper können, ausgenommen die fünf erst angelegten, keine selbstständige Blätter sein. Dagegen lässt sich nicht mit Sicherheit sagen, ob sie Metablasteme oder Blattzipfel sind. Die unordentliche Entstehung in der *Senecio-Lactuca*-Gruppe deutet auf das erste, die mehr regelmässige in der *Cirsium*-Gruppe eher auf das zweite.

b) Die Stellungsverhältnisse

sind in engem Vereine mit der Entwickelungsfolge zu behandeln. Wenn aber physikalische Gesetze den Stellungsverhältnissen seitlicher Glieder zu Grunde gelegt werden müssen, dann ist es klar, dass dieselben für alle seitlichen Glieder gelten müssen, ob sie der einen oder der anderen Grundform gehören. [Wir sahen jedoch, dass das Suchen nach dem besten Platze nicht allein massgebend war für die Bildung der ersten Pappus-Körper; wenn das Ovarium nicht ungewöhnlich stark zusammengedrückt ist, entwickeln die ersten starken Pappus-Körper sich gewöhnlich in der 5-Zahl, selbst wenn man nach der Stellung der umgebenden Blüthen und dem vorhandenen Raume z. B. nur vier erwarten könnte — vergl. z. B. **1**, Fig. 23, *Cirsium arvense*, die mittlere Blüthe].

Aus den Stellungsverhältnissen lässt sich also durchaus nicht beweisen, dass die noch hinzukommenden Pappus-Körper etwa Blätter sind oder Blattzipfel oder Trichome. Einerseits liegen auch Beobachtungen vor, welche zeigen, dass inconstante Divergenz-Winkel zwischen Blättern einer Axe vorkommen können, z. B. bei den Centrolepideen nach Hieronymus[1]), bei den zuerst entwickelten zusammengedrängten Blättern eines *Utricularia*-Keimlings nach meinen Beobachtungen[2]); vergl. auch Hofmeisters Allgem. Morphologie. Ferner andere[3]),

1) Beiträge zur Kenntniss der Centrolepideen, 1873.

2) Warming, Contributions à la connaissance des Lentibulariées. Videnskabelige Meddelelser, 1874.

3) Hofmeister's Allgem. Morphologie.

welche zeigen, dass die auf einander folgenden Blattwirtel von ungleicher Zahl sein können, dass Blätter eines Wirtels per paria angelegt werden, ohne dass Andeutung von Dédoublement eines ursprünglich einfachen vorliegen, u. s. w. Nimmt man also allein darauf Rücksicht, wie die Pappus-Körper sich bei einer *Tragopogon* in Relation zu einander stellen, lässt sich nicht in Abrede stellen, dass sie vielleicht selbstständige Blätter sein könnten.

Andererseits sehen wir aber Blattzipfel und Trichome sich so übereinstimmend mit den Blättern ordnen, dass ihre Stellungsverhältnisse in Nichts von den bei diesen vorgefundenen abweichen, z. B. Staubblättchen vieler zusammengesetzten Staubblätter (vergl. Payers Organogénie, Hofmeister's Allgem. Morphologie), Kelchhaken bei *Agrimonia*, die Schuppen der Früchte bei den Lepidocaryinen nach Martius (die sich auch in absteigender Folge bilden), die Stacheln des Hüllkelchs bei *Xanthium*[1]) (vergl. A. Braun, das Individuum, S. 120; Baillon, Adansonia IV; Köhne Blüthenentwickelung etc. S. 25), die Schuppen der Cupula bei *Quercus* (vergl. Hofmeister Allgem. Morphol.), oder doch in recht regelmässiger Alternation mit einander: z. B. die *Gunnera*-Stipeln (nach Reinke, Morphol. Abhandlungen), die Haare von *Salvinia* (nach Pringsheim, Jahrb. III, stehen die Haare in bestimmten Reihen, »ähnlich wie die Blätter«), die Tentakeln des Blattrandes bei *Drosera* (vergl. meine »Trichomes«), die Barthaare der *Menyanthes*-Krone u. s. w.

Während es bei den Pflanzen des *Cirsium*-Typus allein nach den Stellungsverhältnissen unentschieden bleiben muss, ob die nach den fünf ersten hinzukommenden Pappus-Körper als Blätter oder Blatt-Lacinien oder Trichome aufzufassen sind, stellt die Sache sich doch etwas deutlicher bei den Pflanzen des *Senecio-Lactuca*-Typus: ein so completter Mangel an Ordnung, an Constanz der Divergenz-Winkel, an regulären Wirteln, und dazu noch an nach bestimmter Seite hin fortschreitende Entstehungsfolge ist für die Phyllome, ja selbst für die als eigentliche Phyllom-Lacinien angesehenen Körper (gewiss selbst dann, wenn man die Eichen mit zu den Blatt-Lacinien rechnet, — das

---

1) Ich führe diese hier an, weil es mir noch zweifelhaft ist, ob die Schuppen und Stacheln derselben wirklich selbstständige Blätter sind, und nicht Emergenzen.

sollte denn bei den Orchideen sein —) so unbekannt, andererseits aber für die Trichome so characteristisch, dass die Annahme den höchsten Grad von Wahrscheinlichkeit erhält, dass diese Pappus-Körper Trichome sind[1]).

---

1) In seiner »Anticritique« (Videnskabelige Meddelelser) bespricht Lund auch die Stellungsverhältnisse der Pappus-Körper. Ich hatte (»Trichomes«) ausgesprochen, dass in der Zahl und Stellung der Pappus-Körper unter sich die grösste Unordnung herrsche, und fand eben hierin einen Grund gegen die Annahme ihrer Natur als selbstständige Blätter. Ich kann im Allgemeinen bei meinen früheren Worten stehen bleiben, denn wenn die ganze Familie der Compositen betrachtet wird, ergiebt sich gerade die grösste Variabilität in der Zahl, die grösste Variabilität in der Stellung, und bei fast keiner einzigen Constanz der Divergenz-Winkel, wie ich oben (S. 79—101) detaillirt nachgewiesen habe. Ich bin aber gewiss, wie ich bei näherem Nachdenken sehe, in der Werthschätzung der Stellungsverhältnisse für die Entscheidung einer morphologischen Frage, zu weit gegangen.

Lund seinerseits bestrebt sich nun aus den litteraturhistorischen Aufzeichnungen (Köhne's, Buchenau's, Hofmeister's) über die Stellungsverhältnisse zu beweisen: 1) das wir nichts sicheres wissen und 2) dass die Pappus-Körper nach den vorliegenden Daten sehr wohl äusserst regelmässig gestellt sein können und äusserst regelmässig (d. h. ganz in Uebereinstimmung mit den für Blätter bekannten Fällen) entstehen können (vergl. Anticritique, Résumé pg. 17). Es heisst: »Si nous revenons maintenant à la statistique donnée plus haut, nous voyons que tous les cas mentionnés sous 1, 2, 4 et 5 ou sont parfaitement réguliers, ou — d'après le peu que nous en savons pour le moment — peuvent être réguliers; une seule espèce, le *Callistephus chinensis*, fournit un exemple certain d'irrégularité«; denn von dieser Art sagt Köhne: die Pappus-Körper erheben sich »der Zahl nach mehr als fünf und von ziemlich unregelmässiger Stellung«. Endlich fügt er noch *Bidens, Coreopsis, Helianthus* und *Actinomeris* als unregelmässige hinzu, erklärt aber diese »rapports de position irréguliers« als durch »deplacement« (»Verschiebung«) entstanden, wobei er auf Hofmeister's Allgem. Morphol. pg. 462—482 verweist; hier spricht dieser aber über »Entstehungsfolge seitlicher Sprossungen« und was er von »Verschiebung« sagt, gilt so viel ich sehe, die Verschiebung eines Blattwirtels in Relation zu dem nächstälteren. Dem sei nun aber wie ihm wolle.

Hätte Lund sich die Mühe gegeben, in der Natur nach Belegen für die Richtigkeit seiner Ansicht zu suchen, so würde er sich bald von der Unmöglichkeit sie zu finden überzeugt haben. Das einzige was er nach eigener Untersuchung angiebt, ist die dürftige Bemerkung über *Cirsium palustre* (siehe oben S. 94), und dann die noch dürftigere und grundfalsche Geschichte, dass er hat

c) Anatomischer Bau und Entwickelung der Pappus-Körper.

Oben kamen wir zu dem Resultate, dass die Anlegung und das Wachsthum sowohl der Trichome als Phyllome, Kaulome und Wurzeln

---

»constaté que les rayons d'aigrette chez les genres *Sonchus, Senecio, Lactuca* etc., sont fasciculés«, wodurch die unordentliche Stellung der Pappus-Körper dieser Gattungen nur »scheinbar« wird. Er vergisst aber zu sagen: welche regelmässige Stellung denn herrscht.

Nachdem er so bewiesen hat, dass die Pappus-Körper der Compositen recht wohl regelmässig gestellt sein können, worüber wir aber noch nichts wissen, weil zu wenig Untersuchungen gemacht sind, kommt er zu dem merkwürdigen Schlusse: »que M. Warming a des idées complètement inexactes sur les rapports de position de l'aigrette«. Man sollte doch glauben, der Schluss müsste heissen: wir wissen nichts, ergo kann sowohl ich (L.) Recht haben, der ich eine sehr regelmässige Stellung annehme, als W., der eine sehr unregelmässige Stellung annimmt.

An dieser Stelle werde ich noch Hofmeister's Behandlung des Compositen-Kelchs Erwähnung thun. Es heisst in der Allgem. Morphol. S. 468: »Bei reichster Ausbildung des Kelchs von Compositen besteht derselbe aus mehreren, einander superponirten, vielgliedrigen, unter sich alternirenden Wirteln: z. B. 25-gliedrigen bei *Centaurea Scabiosa* . . . . [5] [[5]Buchenau in Abh. Senckenb. Ges. I, Taf. 6, Fig. 37, 38]. In den meisten Fällen bilden die Kelchblätter nur einen einzigen, spät auftretenden Wirtel: so der vielgliedrige der *Hieracien* [6] [[6]Payer, Organogénie, Taf. 134, Fig. 33, 34], der etwa 15-gliedrige von *Sonchus* [7] [[7]Buchenau in Abh. Senckenb. Ges. Fig. 19], der 10-gliedrige der *Centaurea Jacea* [8] [[8]Payer, Organogénie, Taf. 134, Fig. 35—37], der 5-gliedrige von *Bidens* [9] [[9]Buchenau, in Abh. Senckenb. Ges. I, Fig. 28].

Es sind hier fast eben so viele Unrichtigkeiten als Angaben, und der Grund ist zum grössten Theile der, dass Hofmeister alle diese Angaben auf die Zeichnungen anderer gestützt hat (und wer weiss, wie genau sie gezeichnet haben, besonders wenn sie, wie Payer, sich gar nicht, wie es scheint, um die Zahl der Pappus-Körper kümmerten). Der Beweis hierfür ist der, dass alle Angaben von den (hier angeführten) Citaten der Abbildungen Buchenau's und Payer's begleitet sind; dass man, wenn man die auf diesen gezeichneten Pappus-Körper zählt, und [da die Blüthen nur von einer Seite gesehen sind] mit 2 multiplicirt, dann etwa die angeführten, zu einem Multiplum von 5 abgerundeten Zahlen erhält; ferner darin, dass die Fehler Payer's von Hofmeister aufgenommen werden, und Payer hat einen recht groben (wahrscheinlich auf Namenverwechselung beruhenden) Fehler, indem er *Centaurea Jacea* mit Pappus abder Phanerogamen vielleicht auf eine einheitliche Weise zurückgeführt werden kann; dass die Differenzen zwischen ihnen zum grossen Theil darauf beruhen, wie kräftig das angelegte Glied ist, welche Strata im mütterlichen Körper in Arbeit versetzt werden, und wie weit die Ausbildung geführt wird, ob bis zur Anlegung eines Gefässbündels oder Gefässbündel-Systems u. s. w. Innerhalb der Reihe der Metablasteme oder Trichome kommen alle möglichen Ausbildungsgrade vor vom einfachen einzelligen Haar zu den mächtige Gefässbündel führenden *Datura*-Stacheln u. a., und ebenso findet man innerhalb der Phyllome sehr verschieden weit geführte Specimina. Es ist klar, dass die vergleichende Anatomie uns gar keine Beweise leisten kann zum Entscheiden, ob wir ein Blatt, eine Blatt-Lacinie oder ein blattständiges Trichom vor uns haben, unmöglich eine Grenze fixiren kann, wo die Lacinie aufhört und das terminale Trichom anfängt[1]); daher können wir auch nicht entscheiden, ob nicht ein grosser Theil, und wie gross

bildet, und unglücklicherweise hat sie gar keine Spur von solchem. Unter Hofmeister's Händen entwickelt sie sich weiter: die Zahl der Pappus-Körper wird auf 10 fixirt. Ueber *Bidens tripartita* sagt Buchenau sehr richtig, dass sie gewöhnlich 2, »gar nicht selten aber ausser diesen noch eine, zwei oder drei mit ihnen in gleicher Höhe stehende« Pappus-Körper hat. Die von Hofmeister citirte Figur zeigt eben nur einen einzigen entstehenden Pappus-Körper. Nichts desto weniger erklärt Hofmeister den Pappus-Wirtel von *Bidens* für 5-gliedrig. — Dieses alles geht nun glatt bei Lund durch, und wird als vorzügliche Stütze, ja fast Hauptstütze für seine Theorie der Möglichkeit der Regelmässigkeit benutzt, — ja *Sonchus* wird obendrein verbessert, »etwa 15-gliedrig« wird zu »1 verticille à 15 élements« (Anticritique, Résumé pg. 16), doch ist er so vorsichtig, *Bidens* wegzulassen, auch scheint er daran zu zweifeln, dass die Zahl der Pappus-Körper bei (dem pappuslosen) *Centaurea Jacea* so bestimmt sei.

Es heisst nämlich, »relativement à cette dernière, il faut cependant tenir compte de l'indication incertaine de Mr. Buchenau, p. 125«; aber Buchenau sagt nur: »die Zahl dieser Körperchen« (des Pappus) »ist oft bei einer und derselben Species schwankend und auch die Anordnung in vielen Fällen nicht so constant, dass man aus ihr auf eine bestimmte Beziehung zu den anderen Blüthenwirteln schliessen könnte. Namentlich fehlt eine solche bei *Centaurea* gänzlich . . . .«

Auf Köhne's Kritik von Hofmeister nimmt er keine Rücksicht, obgleich er sonst Köhne benutzt.

1) Vergl. auch Delbrouck, über Stacheln und Dornen, in Hanstein's Abhandl. Bd. 2, pg. 86, 83.

ein Theil jedes der fünf primären Pappus-Körper bei *Tragopogon* etc. dem Blatte selbst, und wie gross ein Theil einer möglicherweise terminalen Emergenz zuzuschreiben ist. Betrachtet man die grosse Menge der bei den Phanerogamen vorkommenden Blätter, so wird man wohl solche finden können, z. B. Bracteen, die im Bau von den Pappus-Körpern des *Cirsium*-Typus nicht verschieden sind; aber bisher hat man, so viel ich weiss, noch kein einziges Blatt gefunden, das auf einer so niedrigen Stufe steht wie die haarförmigen Pappus-Körper des *Senecio-Lactuca*-Typus. Die Anatomie wird daher entschieden ungeneigt sein, diese letzten für selbstständige Blätter oder für Blatt-Lacinien zu erklären, für sie stehen sie als Haare.

Sams. Lund schreibt (Anticritique, Videnskab. Meddel. 1873, Résumé pg. 12): »J'ai montré au long dans mon mémoire (»Le calice des Composées pg. 123—160) qu'il existe une grande différence de structure et de développement entre les diverses formes d'aigrette, mais une différence telle que ces formes passent de l'une à l'autre par une transition des mieux graduées. Cette connexion nous conduit forcément à reconnaître, que, quelle que soit la conclusion qu'on tire quant à l'une de ces formes prise isolément, la même conclusion doit pouvoir être étendue à toutes les autres«. Dieses hat nun Hänlein in so hohem Grade imponirt, dass er schliesst: »Diesen Beweis von Lund konnte selbst Warming nicht widerlegen«.

Diese ganze Argumentation hat aber als einzige Grundlage den Bau und die anatomische Entwickelung, und dass der Bau in dieser Frage so gut wie nichts bedeutet, geht aus Obigem hinlänglich hervor. Ich werde noch einmal an die wirtelig gestellten Blätter der Stellaten erinnern; sie sind einander völlig gleich, wenn ausgebildet, dennoch sind sie morphologisch sehr verschieden, was schon lange festgestellt ist, und zwar auf ganz ähnliche Weise, wie ich für den Pappus vieler Compositen annehmen muss: einige der Blätter (resp. Pappus-Körper) entsprechen den Blättern selbst oder den Endtheilen derselben, andere entsprechen Seitentheilen (Stipeln oder Lacinien) der Blätter. Dieses reicht wohl hin um »den Beweis von Lund zu widerlegen«.

Lund hat aber noch mehr, und zwar sein »Haupt-Argument«. Zwischen einem Pappus-Körper von *Cirsium arvense* und einem der inneren Involucral-Blättern derselben Species findet er sieben Uebereinstimmungen in histologischem Bau und Entwickelung (vergl. Anticritique pg. 13). Dann schliesst er: »Par consequent, en suivant de bas en haut sur la tige du *Cirsium arvense* la série des formations de feuilles, on voit que l'aigrette ne présente pas seulement les caractères généraux des feuilles des Phanérogames, mais vient se ranger d'une manière naturelle dans toute la série des formations de feuilles chez la même plante, comme elle est dans un rapport très etroit avec les feuilles péricliniques. — Que dit maintenant M. Warming? Il néglige essentiellement ce point, qui constitue l'argument capital«. Hier hat Lund einmal etwas, was richtig ist; ich habe diesen »Hauptbeweis« negligirt und werde es fortwährend thun. Es wäre gewiss sehr leicht solche Uebereinstimmungen zwischen Pappus und Involucral-Blätter durch weit mehrere Beispiele schlagend illustriren zu können, — man erinnere z. B. *Xeranthemum*, *Chardinia* etc. — und schon 1816 schrieb Cassini (Opuscules, I, 219): »les piéces dont se compose l'aigrette ont une analogic évidente avec les paillettes du clinanthe et celle ci avec les écailles du péricline«. Was äusserlich so ähnlich sein kann, wird gewiss auch innerlich völlig übereinstimmen. Dass solche Uebereinstimmungen dennoch keine morphologische Gleichwerthigkeit zu bezeichnen brauchen, zeigen also z. B. die Stellaten. Hätte L. zeigen können, dass die Involucral-Blätter ganz leise in die Pappus-Körper übergingen, so dass diese z. B. eine von jenen begonnene Spiral-Stellung fortsetzten, dann hätte er ein Factum von Bedeutung angeführt. Nun stehen sie aber an zwei verschiedenen Axen, sogar oft durch den Spreuborsten getrennt, über deren Natur er nichts zu sagen hat, und es dürfte doch wohl jedem einleuchtend sein, dass diese histologischen Uebereinstimmungen nicht beweisen können, dass alle Pappus-Körper Blattbildungen sind (z. B. Lacinien der Kelchblätter), noch weniger die Meinung Lunds, dass jeder Pappus-Körper ein selbstständiges Blatt sei. Eine bis in die kleinsten Einzelheiten gehende Uebereinstimmung anatomischer Ausbildung zwischen zwei Glieder zeigt höchstens, das sie vielleicht dieselbe Function auszuführen haben, nicht aber wahre Homologie, selbst wenn sie derselben Pflanze gehören.

Man erinnere sich nun aber, dass obenstehendes »l'argument capital« für Lund war, um jeden Pappus-Körper als ein selbstständiges Blatt zu betrachten. Doch muss ich hier bemerken, dass, wenn Lund am Ende eines Abschnittes seine Schlüsse zieht, »heisst es wiederholt

»nous en concluons que l'aigrette est un vrai calice«. Dieser Ausdruck ist so schwebend unbestimmt gehalten, dass ich von meinem Standpunkte aus fast dasselbe sagen könnte, und doch ist unser Standpunkt sehr verschieden. Sollte Lund seinen früheren Standpunkt aufgegeben haben, dass jeder Pappus-Körper einem Blatte entspricht, und den Rückzug hinter diesen höchst unklaren Worten maskiren? Es scheint nicht der Fall zu sein, denn es heisst doch noch (z. B. Anticritique pg. 25): . . . . »chaque rayon d'aigrette équivalant à un sépale«. Dann wird man aber auch verlangen können, dass er uns klar und bestimmt beweist, warum diese seine Meinung anzunehmen ist, und sind seine Beweise überzeugend, so werde ich ohne Scheu die meinige aufgeben.

d) Bildungsabweichungen.

Sowohl bei Betrachtung des Entwickelungsganges im Allgemeinen, als bei Betrachtung der Stellungsverhältnisse und des anatomischen Baues drängte sich der Gedanke auf, dass die Pappus-Körper der zum *Senecio*-*Lactuca*-Typus gehörenden Gattungen sich von denen des *Tragopogon*-*Cirsium*-Typus entfernen; jene treten als reine Haare dem mit breit abgerundeten Blattzipfeln versehenen Kelche gegenüber auf; diese vielmehr theilweise als den (je mit einem terminalen Trichom versehenen?) Endzipfeln der Kelchblätter, theils als zwischenliegenden randständigen und dorsalen Zipfeln und Emergenzen homolog auf. Der Gedanke, dass die Pappus-Körper der verschiedenen Compositen-Gattungen nicht homolog sind, erhält Bestärkung bei Betrachtung der vollständiger bekannten aufgefundenen Bildungsabweichungen. Diese gehen, wie es scheint, in zwei Richtungen: entweder hat jeder Pappus-Körper das Vermögen, als ein blattähnliches, grünes, gewöhnlich lancetliches und oft mit Gefässbündeln versehenes Organ ausgebildet zu werden; oder es erheben sich ähnliche grüne Blätter in begrenzter Zahl, zwischen oder auf welchen die Pappus-Körper unverändert (wohl aber in geringer Zahl) stehen.

Betrachten wir einige der besser bekannten Fälle.

Eine der spätesten Publicationen über Missbildungen ist die von Treub[1]). Er fand mehrere Köpfchen, die durch Insectenstiche de-

1) Archives Neerlandaises, t. VIII.: Notice sur l'aigrette des Composées à propos d'une monstruosité de l'*Hieracium umbellatum* L.

formirt waren; dadurch waren die Receptacula stark aufgeschwollen, und die höchst gestellten centralen Blüthen weiter von einander gerückt als im unveränderten Köpfchen; wie man von den centralen Blüthen nach der Peripherie geht, wird auch allmälig der gegenseitige Abstand vermindert, bis man zu den Randblüthen kömmt, wo er normal ist. Die centralen Blüthen entfernen sich am meisten, die peripherischen am wenigsten von den normalen. Bei den centralen Blüthen fand er statt des Pappus einen normalen aus 5 grünen gefässbündelführenden Blättern bestehenden Kelch. Bei den mehr peripherischen, weniger freistehenden Blüthen fand er ähnliche Blätter, aber in grösserer Zahl und theilweise schon weniger breit und am Rande gezähnt, wobei ein Uebergang zu dem gewöhnlichen Pappus gemacht wurde; auch fand er hier keine »prédominance des cinq places d'insertion (vis-à-vis des étamines)«, woraus vielleicht zu schliessen ist, dass jene 5 der inneren Blüthen vor den Kronblattzwischenräumen standen, obgleich es nicht ausdrücklich gesagt wird; es fand sich endlich, wenn er weiter nach der Peripherie ging, eine vollständige Uebergangsreihe zu dem normalen Pappus. Einmal beobachtete er den directen Uebergang der fünf Kelchblätter bei den centralen Blüthen in die zahlreichen Pappus-Körper, indem jedes Blatt sehr tief in 3 oder 4 grüne linealische Zipfel getheilt war, so dass man scheinbar »un verticille, composé d'une vingtaine de folioles vertes« hatte. Hieraus zieht der Verfasser folgenden Schluss: »Le fait décrit dans cette notice démontre d'une manière incontestable, que la cause du changement du calice en aigrette, cause d'ailleurs prèsumée par Mr. Buchenau, n'est autre que le placement serré des fleurons sur le receptacle . . . . Les faits représentés dans les figures . . . me font croire, que l'aigrette s'est formée par la division progressive d'un calice à cinq folioles, opinion émise par le docteur Köhne, mais que luimême n'admet pas positivement«. Vergleicht man hiermit die von mir oben (S. 88, Fig. 9—11, Taf. 9) mitgetheilte Entwickelungsgeschichte, so sieht man, dass jene 5 Kelchblätter den stark vorspringenden in je einen Pappus-Körper auswachsenden 5 Ecken (oder Blättern) des Kelches entsprechen müssen. Diese zuerst gebildeten Körper persistiren selbst wenn alle nachfolgenden unentwickelt werden, und zeigen eben dadurch, dass sie eine wichtigere Rolle im Blüthenbau spielen.

Viele andere Fälle sind aufgezeichnet, in welchen der Pappus in grüne blattähnliche genervte Körper umwandelt worden war (vergl. Köhne, Blüthenentwickelung etc., Cramer, Bildungsabweichungen, u. a.).

Bei einigen fanden sich mehr als 5 Blätter, z. B. bei *Hieracium* (*vulgatum?*) (nach Köhne l. c. 37), *Cirsium arvense* Köhne, l. c. 39), *Centaurea* (ibid. 40), *Hypochaeris glabra* (Hildebrand in Bot. Ztg. 1866, 240), *Hypochaeris radicata* (Wigand, Flora 1856), *Podospermum* (Köhne p. 37); bei anderen dagegen 5, z. B. bei *Podospermum* (nach Köhne l. c. 36, DeCandolle Organographie I, 492; seine Fig. 6, Pl. 32 zeigt 6 Pappus-Körper), *Scorzonera octangularis* (nach DeCandolle), *Tragopogon* (z. B. nach Kirschleger, Flora 1841, I, 342 und 1843, I, 134), *Cirsium palustre* (Köhne p. 39), *Crepis biennis* (Köhne p. 39), *Hypochaeris radicata* (Kirschleger, Flora 1841, 343, Wigand, Flora 1856, 717: »5 gleiche, eiförmige mit den Corollenzipfeln alternirende Blättchen«); selten scheinen aus vielen Pappus-Körpern abnorm weniger als 5 gebildet zu werden: nur bei Köhne fand ich folgendes über *Crepis biennis:* »Pappus aus 5 (manchmal auch weniger) Blättchen gebildet«. Dagegen kommen mehr als gewöhnlich vor bei solchen, die normal unter fünf haben z. B. *Coreopsis* (Köhne pg. 41).

Hier werde ich auch ein von mir untersuchtes monströses Exemplar von *Tragopogon pratense* erwähnen. Es hatte vier abnorm ausgebildete Köpfchen; die Abnormität bestand darin, dass secundäre Köpfchen sich anstatt der Blüthen entwickelt hatten, wobei die innersten Blüthen des Köpfchens am stärksten umgebildet waren, in weit länger gestielte Köpfchen ausgewachsen waren, als die peripherischen; es zeigte sich ferner, dass dieses auf reinem Durchwachsen beruhete, denn Kelch, Krone, Staubblätter und Fruchtblätter jeder Blüthe waren erhalten, und zwischen ihnen hatte das secundäre Köpfchen, dessen Blüthen wieder durchwachsen waren, sich gehoben. Ich gebe zum besseren Verständniss einige Details. An den Köpfchen waren gewöhnlich die 8 Involucral-Blätter unverändert, und stützten je eine Blüthe. Statt einer der innersten Blüthen fand sich nun ein 5 Cm. langes Gebilde, folgendermassen ausgestattet. In 15 Mm. Höhe stand auf dem dicken Stiele das hintere Kelchblatt; dann folgten nur, wenig höher inserirt, die vier anderen in typischer Stellung; alle waren aus einem etwa 1 Cm. breiten Grunde langsam zugespitzt und 10—15 Mm. lang, hatten Spaltöffnungen, führten Chlorophyll und mehrere durch Anastomosen verbundene Längsribben. An der Vorderseite der Blüthe stand die vergrünte, übrigens normale Krone mit freien Staubträger-Rudimenten. Nach einem Zwischenraume von anderen 15 Mm. folgten die Fruchtblätter, die an ihrem Grunde besonders an der einen Seite verwachsen waren, übrigens stark entwickelt, bis 15 Mm. lang, aus dem breiteren Grunde langsam verschmälert, mit Nerven versehen. Sie umschlossen ein secundäres Köpfchen, ohne dass zwischen diesem und ihrem Grunde Spuren irgend einer anderen Bildung, etwa eines Eichens, aufzufinden waren. Das secundäre Köpfchen hatte wieder durchwachsene Blüthen. — Was nun hier interessirt, ist der Kelch: nirgends an allen Blüthen waren mehr oder weniger als 5 Blätter vorhanden, die mit der Krone in Alternation standen, und die völlig blattähnlich waren, wie die oben beschriebenen.

Für die hier angeführten Bildungsabweichungen lassen sich (soweit sie gut bekannt sind) folgende Uebereinstimmungen aufführen:

1. Jedes der vorhandenen abnorm entwickelten kelchblattähnlichen Gebilde entspricht Einem Pappus-Körper, und diese scheinen somit alle das Vermögen zu haben, sich in solche Gebilde umwandeln zu können.

2. Je weniger die ganze Blüthe umgebildet ist, je »weniger sie, wie Köhne (l. c. 37) sagt, von der Normal-Form abweicht«, desto mehr Pappus-Körper kommen zur Entwickelung. Wo die abweichende Ausbildung am stärksten war, fanden sich fast immer nur 5 Blätter, nie schwand der Pappus aber ganz, und dieses sind Punkte von grosser Bedeutung. Dieses wird nun einfach so zu erklären sein: je früher die missbildende Kraft eine Blüthe ergreift, desto weniger Pappus-Körper sind angelegt worden, und desto weniger können selbst folglich auch abnorm ausgebildet werden, aber diese fünf fast immer vorhandenen müssen eine tiefergehende Bedeutung für den Blüthenbau haben als die anderen — sie sind die fünf Kelchblätter.

3. In einigen Fällen ist eine mehr oder weniger tief eingehende Theilung der Pappus-Körper beobachtet worden (z. B. *Centaurea* nach Köhne, *Hieracium* nach Treub); auch die von Buchenau beschriebene Missbildung bei *Centranthus* (Bot. Ztg. 1872) kann hier erinnert werden).

4. Wirft man einen Blick auf die angeführten Gattungen und erinnert ihre Entwickelungsgeschichte, so ergibt sich ein gemeinsamer Zug: sie gehören, so weit bekannt, alle zu denjenigen, deren Pappus-Körper Emergenzen sind; von denen die ersten sich zu einem fünfzähligen Wirtel zusammenschliessen und mehr oder weniger genau an der Stelle der 5 Kelchblätter stellen, indem sie die Spitze je einer Ecke des Kelchwulstes einnehmen, während die nachfolgenden oft in recht regelmässiger Folge intercalirt werden.

Sollte ich aus diesen Bildungsabweichungen etwas schliessen, so müsste es dieses sein: die Pappus-Körper der angeführten Gattungen sind ungleichwerthig; einige entsprechen den Hauptzipfeln von fünf Kelchblättern, andere sind durch starke Zipfelbildung an den Rändern und Rücken von diesen entstanden, andere vielleicht sind Metablasteme (Emergenzen). Alle können sich abnorm blattartig ausbilden, aber dieses Vermögen dürfte eben so wohl den Emergenzen als den eigentlichen Blatt-Lacinien zukommen, — können ja doch anderswo Metablasteme sich blattartig und grün ausbilden, z. B. die Spreuschuppen der Farrnkräuter, Auswüchse der Begoniaceen-Blätter. Bei stärkster Umbildung kommen nur die Kelchblätter ohne die Lacinien und Metablasteme zur Ausbildung. Der Grund zu dieser Lacinien-Bildung liegt vielleicht in dem normal vorhandenen (abnorm gehobenen) Mangel an Platz, wie aus Treubs Missbildung hervorzugehen scheint, doch wohl in Verbindung mit einer der ganzen Verwandtschaftsgruppe innewohnenden Neigung zur Bildung von Lacinien und Commissural-Zipfeln am Kelche. — Die Meinung, dass jeder Pappus-Körper ein selbstständiges Blatt sein sollte, erhält durch die Missbildungen gar keine Stützen.

Auf ganz andere Weise verhält es sich dagegen bei den Pflanzen des *Senecio-Lactuca*-Typus, so weit man aus dem kärglichen Materiale schliessen kann.

Erstens ist zu nennen die von Engelmann (De antholysi prodromus, 1832) Tab. V, Fig. 24—26 dargestellte Bildungsabweichung von *Senecio vulgaris*, die leider nicht hinreichend erklärt ist. Statt des normalen Pappus ist eine Anzahl blattähnlicher Gebilde zum Vorschein gekommen (es scheinen ungefähr 6 zu sein), auf welchen die, nur ungewöhnlich kurzen, Pappus-Körper gestellt sind.

Weit deutlicher und genauer beschrieben ist aber folgende von Emil Köhne untersuchte Bildungsabweichung von *Taraxacum.* Er hat mir die Güte erzeigt, mir sein Manuscript mit Zeichnungen (leider konnten nur wenige von diesen Platz finden) zur Publication zu überlassen, was mir in höchstem Grade lieb ist, nicht nur weil alles Material, was zur Lösung der Frage beitragen kann, werthvoll ist, sondern auch weil diese Monstrosität gerade für meine Lösung der Frage in hohem Grade spricht. Es folgt hier seine Mittheilung wörtlich abgedruckt:

»Herr Professor Braun hatte im Frühjahr dieses Jahres die Güte, mir vergrünte Blüthenstände von *Taraxacum officinale* zur Untersuchung zu übergeben und mich dabei zugleich auf die Ausbildung von Kelchblättern aufmerksam zu machen, von denen zwischen den Pappus-Haaren bis fünf aufzufinden seien. Die Form der Blüthen war im übrigen nicht bedeutend verändert, insofern als nur der Fruchtknoten nicht unbeträchtlich verlängert und der Funiculus des Ovulums sehr lang und dünn war.«

»1) Die freien Kelchzipfel waren meist etwa doppelt so lang als die Pappus-Haare, sehr schmal linealisch, vom Grunde nach der Spitze zu allmälig verschmälert, dunkelgrün, während der Pappus eine schmutzig-weissliche, die übrigen Blüthentheile eine bleich-gelblich-grüne Färbung zeigten. Fast immer waren die am besten entwickelten Kelchblätter ganzrandig, die schwächer ausgebildeten meist unterhalb der Mitte mit 1—2 sehr feinen, haarförmig auslaufenden, an der Basis deutlich grünlichen Anhängen versehen. Ein Nerv war nur an sehr schmalen Kelchblättern nicht aufzufinden, während bei weitem die meisten 1—3 parallele Längsnerven besassen. Zu noch genauerer Untersuchung des anatomischen Baues im Vergleich mit den Pappus-Haaren reichte das vorliegende Material nicht mehr aus.«

»2) Was die Stellung dieser Kelchblätter anbetrifft, so erschienen sie mit der grössesten Präcision an ganz bestimmten Stellen und in ganz bestimmten Winkelabständen von einander. Eine Verschiebung an der Blumenkrone hinauf, zweimal von mir beobachtet, schien mir von nebensächlicher Bedeutung. Die meisten Blüthen besassen drei Sepala, von denen eins ausnahmslos genau unter dem Spalt der Blumenkrone stand, die beiden andernäg schr nach vorn, und zwar war der gegenseitige Winkelabstand der letzteren halb so gross, als ihr Abstand vom hinteren Kelchblatt. Manchmal waren alle drei gleich kräftig ausgebildet, häufiger jedoch das hintere viel schmaler als die beiden vorderen.«

»Fanden sich nur zwei Sepala, so waren es entweder die beiden vorderen oder das hintere und ein vorderes. War überhaupt nur eins ausgebildet, so nahm es ebenfalls stets genau die Stelle von einem der drei schon beschriebenen ein.«

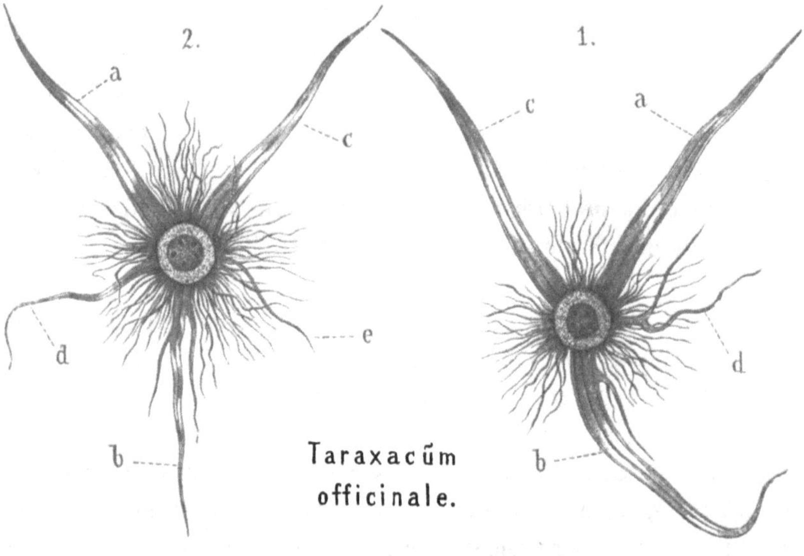

Fig. 1. Kelch von oben gesehen. Ueber und unter der Insertion von *d* stehen Haare; bei *a*, *b* und *c* nicht.

Fig. 2. Kelch von oben gesehen. Haare über und unter der Insertion von *d* und *e*, aber nicht von *a*, *b* und *c*.

Bei Ausbildung von 4 Kelchblättern trat das vierte mitten in eine der beiden grösseren Lücken zwischen dem hinteren und einem vorderen Sepalum; endlich füllte dann das fünfte auch die zweite dieser Lücken aus, womit dann ein regelrechter, fünfzähliger Kelch in die Erscheinung getreten war. An dem mir zu Gebote stehenden Material war das vierte und fünfte Kelchblatt immer nur sehr schwach ausgebildet, manchmal schwer von den Pappus-Haaren zu unterscheiden.«

»3) Von der gegenseitigen Beziehung zwischen den ausgebildeten Kelchzipfeln und dem Pappus gewann ich folgenden Eindruck: Beide führten in dem ihnen gemeinsam zu Gebot stehenden Raum gewissermassen einen Kampf ums Dasein. Die ziemlich breiten Lücken zwischen den Insertionen der Sepala wurden von reichlichen Pappus-Haaren ausgefüllt; auch standen über und unter diesen Insertionen gleichfalls Haare, aber nur bei schwacher Entwicklung der Sepala. Bei stärkerer Ausbildung derselben schwanden die darüber und darunter stehenden Haare immer mehr, und in vielen Fällen war der Haarkranz durch die Kelchblatt-Insertionen völlig unterbrochen. Niemals indessen drängte sich hierbei irgendwie die Vorstellung auf, als seien die Sepala gleichsam durch eine seitliche Verschmelzung von Haaren entstanden. Vielmehr schienen sie die vereinzelten, fast haarförmigen Seitenanhänge mit derselben Berechtigung zu tragen, wie jedes andere gewimperte Blatt. Sie boten sich dar als völlig neue, zuvor nicht vorhandene Bildung, welche nicht aus dem Pappus, sondern trotz des Pappus entstand und ihn gewaltsam aus seiner Stellung verdrängte.«

»Es sei mir erlaubt, einige allgemeine Schlussfolgerungen anzuknüpfen. Hänlein[1]) sagt: »Es wird mehr oder weniger der individuellen Anschauung überlassen bleiben müssen, den Pappus für einen Kelch zu halten oder nicht. Ueberhaupt ist der ganze Streit um die Natur des Pappus zum grossen Theil ein reines Wortgefecht .... Am einfachsten dürfte es sein, den Begriff des Kelchs dahin zu erweitern, dass derselbe den Pappus und ähnliche Bildungen mit umfasst: der ganze Pappus-Streit würde damit von selbst fallen.« Dies ist ein Irrthum, er würde nicht fallen. Die Frage liegt ganz anders, als Hänlein meint, der den Kern der Sache gar nicht erfasst hat. Die richtige Fragestellung ist vielmehr: »Haben die Vorfahren der Compositen einen Kelch im gewöhnlichen Sinne des Worts besessen?« Diese Frage wird durch die oben besprochne Vergrünung, (wie auch durch ähnliche, früher von andern Beobachtern beschriebene) nach meiner Ansicht zunächst für *Taraxacum* definitiv und unwiderleglich

1) Beiträge zur Entwicklungsgeschichte der Compositenblüthe in Schenk und Luerssen, Mitth. aus d. Gesammtgeb. der Botanik II. p. 175.

bejaht. Die Bejahung für *Taraxacum* schliesst aber nach phylogenetischen Grundsätzen bei der grossen Uebereinstimmung im Blüthenbau die Bejahung für alle Compositen in sich.«

»Nun erst kann die weitere Frage gestellt werden: »Ist der Pappus nur durch eine Formveränderung dieses Kelches selbst entstanden, d. h. ist er ihm trotz seiner trichomartigen Ausbildung morphologisch gleichwerthig, oder ist er eine Neubildung von morphologisch verschiednem Ursprung, die den Kelch nur scheinbar, nämlich dem Ort, nicht aber der morphologischen Natur nach ersetzt?« Auch auf diese Frage scheint mir die vorliegende Vergrünung eine fast unbedingt entscheidende Antwort zu geben. Denn da hier Pappus und Kelch nebeneinander und in ihrer Entstehung unabhängig von einander, ja sogar in gegenseitigem Kampf bestehen, so scheint mir bewiesen, dass bei *Taraxacum* beide morphologisch verschieden sind. Construire ich mir aus dem umgekehrten Gange der ganzen Vergrünungsgeschichte das allmälige Auftreten des Pappus an Stelle des Kelchs, wie es bei den Vorfahren von *Taraxacum* wahrscheinlich stattgefunden hat, so gewinne ich etwa folgendes Bild:«

»Der obere Rand des Fruchtknotens [1]) trug fünf freie Kelchzipfel und zwischen denselben Haare. Vielleicht waren auch die Zipfel selbst entfernt gewimpert. Die Haarbildung, die ja fast immer sehr variabel ist, gewährte nun denjenigen Individuen, bei denen sie stärker hervortrat, den Vortheil einer etwas leichteren Samenverbreitung, eines Ueberhandnehmens auf Kosten der Individuen mit schwächer behaarten Früchten. Hierin lag der Anstoss zu gesteigerter Haarbildung bei gleichzeitiger Verschmälerung der grünen, die Schwere der Frucht unnütz erhöhenden Kelchzipfel, bis endlich die letzteren, auf Null reducirt, die Wirkung des Haarkranzes gar nicht mehr beeinträchtigten. Ich betrachte demnach den Pappus als eine dem Kelch anderer Pflanzen durchaus ungleichwerthige Trichom-Bildung, welche den im Bauplan der *Taraxacum*-Blüthe vorgesehenen fünfzähligen Kelch ganz verdrängt hat. Das heutige *Taraxacum* besitzt factisch keinen Kelch, aber es besitzt ihn typisch. Der Pappus ist kein umgewandelter Kelch,

1) Hierbei ist unerheblich, ob der unterständige Fruchtknoten ein Axengebilde ist oder aus verwachsenen Blattkreisen besteht.

sondern ein Usurpator des Gebiets, welches früher den freien Kelchzipfeln zukam. Er ist ein morphologisch niedriger stehendes Anhangsgebilde.«

»Frägt sich höchstens noch, wessen Anhangsgebilde? Antwort: des unterständigen Fruchtknotens, d. h. eines Axenorgans — nach der am meisten verbreiteten Anschauungsweise, oder aber des an der Bildung des Fruchtknotens betheiligten Kelchs — nach meiner persönlichen Ueberzeugung.«

»Ich bemerke noch, dass meine hypothetische Darstellung der phylogenetischen Pappus-Entwicklung keine Nutzanwendung auf die übrigen Compositen gestattet bei der so verschiednen Ausbildung des Pappus. Wo derselbe z. B. aus wenigen Schüppchen besteht, da kann seine phylogenetische Entstehung möglicherweise eine ganz andre gewesen sein; es erscheint a priori durchaus nicht unmöglich, dass solche Pappus-Schuppen stellenweise wirklich umgewandelte Kelchtheile sind. Da es mir aber hier nur darauf ankommt, aus der vorliegenden Vergrünung nahe liegende Schlüsse zu ziehen, so kann ich auf die Beurtheilung abweichender Fälle nicht näher eingehen.«

»Ein auf andrem Gebiet liegender Punkt ist noch hervorzuheben. Die drei Kelchblätter, welche zuerst auftreten, nehmen stets die Stelle derjenigen Sepala ein, welche an den meisten fünfzähligen Kelchen mit den Nummern 1—3 bezeichnet werden müssen. Das hinterste Kelchblatt kann bekanntlich meistentheils als das zweite betrachtet werden. Es ist nun sehr auffallend, dass von diesen drei Kelchblättern an der vorliegenden Vergrünung jedes beliebige allein für sich vorhanden sein, oder allein für sich fehlen kann, dass hingegen Kelchblatt 4 und 5 an dieser Gleichgültigkeit der Reihenfolge nicht theilnehmen, vielmehr ausnahmslos erst dann sich einfinden, wenn 1—3 sämmtlich gebildet sind. Ich lasse es dahingestellt, in wie weit diese Erscheinung zur Unterstützung der Eichler'schen Theorie beiträgt, nach welcher der 5-zählige Kelch sich aus einem 2-gliedrigen und einem 3-gliedrigen Wirtel zusammensetzt. Es würde in unserm Fall immer erst der obere Wirtel sich ausbilden, bevor auch der untere hervortreten kann. Die zu ergänzenden Vorblätter, welche bei den Vergrünungen ganz unsichtbar bleiben, würden dann diese Reihe von oben nach unten an Stärke abnehmender Wirtel fortsetzen. Näher hierauf einzugehen, würde zu weit führen. Es genügt mir, in dem Hervorheben dieses

Punktes vielleicht einen kleinen Beitrag zu dem für die Entscheidung der Frage nothwendigen Material geliefert zu haben.«

Berlin, im October 1875.

E. Köhne.

Aus dieser Bildungsabweichung (der Engelmanns von *Senecio* sich anzuschliessen scheint) geht unbestreitbar hervor,

1) dass die fünf Kelchblätter in typischer Stellung zur Entwickelung gekommen waren;

2) dass die haarförmigen Pappus-Körper im Gegensatze zu diesen stehen, indem sie deutlich nur Haare auf dem Rande und Flächen des Kelches sind;

3) dass die Kelchblätter übrigens auch Neigung haben sich zu theilen oder Lacinien zu bilden, und durch solche Lacinien-Bildung lässt es sich erklären, wenn *Senecio* bei Engelmann, wie es scheint, mehr wie fünf pappus-tragende Blätter hat.

Was nun aber besonderes Interesse hat, ist, dass diese Bildungsabweichung vollkommen in Uebereinstimmung mit der Ontogenese ist, die wieder durch sie erklärt wird, wodurch die aus der individuellen Entwickelung abgeleiteten Schlüsse Bestärkung erhalten: die Kelchblätter (oder vielmehr -Zipfel) entsprechen den stumpfen breiten Ecken des Kelchwulstes, und die in Menge unordentlich zum Vorschein kommenden Pappus-Körper sind wirklich, wie aus ihrem Bau und Entwickelung hervorzugehen schien, von Blatt-Lacinien verschieden; [dass sie auf den Spitzen derer Ecken zum Vorschein kommen, während die Blattzipfel des vergrünten Kelchs nackt sind, scheint dabei geringe Bedeutung zu haben; es kann auch erinnert werden, dass z. B. Wigand beobachtet hat, dass die normal gefiedert-haarigen Pappus-Körper von *Hypochaeris*, *Centranthus* abnorm entwickelt, nackt waren; auch hier dürfte die Haarbildung also vielleicht etwas nicht ursprüngliches sein.] Die Pappus-Körper von *Taraxacum* scheinen daher wirklich von jedenfalls einem Theile der bei *Tragopogon*, *Cirsium* etc. vorkommenden morphologisch verschieden zu sein.

e) Vergleichung der Compositen unter sich und mit verwandten Familien.

Es steht nun zurück, aus dem Vergleich der Pappus-Formen bei den verschiedenen Gattungen und aus dem Vergleich mit den verwandten Familien die möglichen Schlüsse über ihren morphologischen Werth zu ziehen.

1. Bei vielen Arten ist der Pappus jeder einzelnen Blüthe auf verschiedene Weise ausgebildet, z. B. bei *Crupina*, dessen Diagnose so lautet: »Pappus (der fruchtbaren Blüthen), duplex, interiore e paleis 5« (bei De Candolle 10) »brevibus latiusculis apice lacero-dentatis, exteriore e setis ∞-seriatis scabro-denticulatis exterioribus gradatim brevioribus« (Hooker et Bentham's Genera; vergl. doch auch Reichenbach Icones fl. Germ. XV, t. 18). Bei *Hyoseris scabra* DC., wo ich (3-)5 breite spreuartige Pappus-Körper in einem inneren Wirtel fand und mit Stellung wie normale Kelchblätter, und, ausserhalb diesen, Borsten in unbestimmter Zahl. Andere Beispiele bei Buchenau, Bot. Ztg. 1872: *Alagopappus, Nicolletia, Adenophyllum, Cnicus* u. s. w. Es liesse sich denken, dass Schlüsse über den morphologischen Werth des Pappus sich aus solchen Verhältnissen ziehen liessen; ich kenne jedoch keinen Fall, wo dies möglich ist. Bemerkt sei noch, dass die Zahl 5 recht häufig in dem inneren Wirtel vorkommt.

2. Bei vielen Arten herrschen Differenzen in der Pappus-Bildung zwischen den Rand- und den Scheibenblüthen (vergl. z. B. auch Buchenau l. c.). Von besonderer Bedeutung ist die oben (S. 91) erwähnte *Tragopogon*-Art, denn aus dem dort Beobachteten, zusammengehalten mit der Entwickelungsgeschichte, geht deutlich hervor, dass die bei den Randblüthen deutlich und allein ausgebildeten Kelchblätter in den centralen Blüthen zwar nicht schwinden, aber den zwischen und wohl auch auf ihren erscheinenden Borsten gegenüber mehr und mehr an Dicke zurücktreten, indem sie aber an Länge zunehmen, (etwa durch Auswachsen eines terminalen Haares?), so dass sie schliesslich diesen Borsten völlig gleich werden, und von ihnen nicht zu unterscheiden sind. Wir haben hier die Uebergangsreihe, von einem mit 5 regelmässig gestellten Körpern versehenen Kelche zu einem der eine ungeheure Zahl hat, in Einem Köpfchen, die wir durch Zusammenstellung von Köpfchen vieler Arten sonst erhalten müssen. Bei

Trag. eriospermum sind die 5 Kelchblätter dagegen selbst an dem reifen Achänium leicht von den anderen an ihrer grösseren Länge und den nackten Spitzen zu unterscheiden (vergl. oben S. 91 und Taf. **3**, Fig. 17)[1]).

3. Bei einer Anzahl von Gattungen findet man stark zertheilte Pappus-Körper; diese Gattungen finden sich vorzugsweise unter den Cynareen, z. B. *Carlina* (bei *Carlina vulgaris* fand ich gewöhnlich 10 in 2—3(—5) haarfeine, durch lange 1-zellige Haare federförmige, Zipfel getheilt), *Staehelina* L. [2]) (bei Bentham et Hooker heisst es: Pappi setae basi subpaleaceae, liberae vel breviter connatae, singulae ad medium v. profundius in setas ∞ tenuissimas fissae), *Atractylis* (»pappi setae basi subpaleaceae saepeque subconnatae vel altius ∞-adelphae« nach Hook. et Bentham) u. a.

Von grösster Bedeutung ist es nun, dass sich nachweisen lässt, die Bracteen des Receptaculum vieler Cynareen durch in den centralen Blüthen immer stärker werdende und tiefer gehende Zertheilung in die Spreuborsten sich auflösen (vergl. oben S. 9 ff.), denn derselbe Entwickelungsgang lässt sich denn auch für die Kelchblätter annehmen, um so viel mehr, als auch Bildungsabweichungen darauf hinweisen.

Bei einigen Cynareen sind die Bracteen zerklüftet worden, die Kelchblätter aber nicht oder nur durch, wie es wahrscheinlich ist, Commissural-Bildungen vermehrt, z. B. *Xeranthemum*, bei welcher die Zwitterblüthen bei einigen Arten 5, bei anderen bis 15 Pappus-Körper haben, und *Chardinia* die gewöhnlich circa 10 Pappus-Körper hat;

---

1) Solches scheint bei verschiedenen *Tragopogon*-Arten vorzukommen, denn Bentham und Hooker schreiben (Genera plant.): »Pappi setae ..., nonnullae (5—10) saepius caeteris longiores apiceque nudae, achaeniorum exteriorum nonnunquam pauciores subpaleaceae, basi distinctae, nudae vel basi tantum pilosae«. Und auch bei *Scorzonera hispanica:* Cassini schreibt in seiner meisterhaften Beschreibung von *Lappa* in »Dictionnaire des sciences naturelles«, XXV, 1822, über diese *Scorzonera*, dass sie zwei Reihen von Pappus-Körpern hat, in der innersten 5, »régulièrement espacées et presque double des autres en longueur et en grosseur, . . ., leur moitée supérieure cylindrique, amincie de bas en haut, et dépourvue de barbes et garnie tout autour de barbellules spinuliformes, épaisses, coniques aiguës, dirigées en haut, la partie supérieure est nue«.

2) cfr. DeCandolle Réceuil de Mém. 1813, Pl. I, Fig. 28—30; Reichenbach Icones fl. German. XV, 810.

bei anderen sind sowohl die Kelchblätter mit ihren Commissural-Bildungen und auch die Bracteen zertheilt worden und stehen noch theilweise als zertheilte Körper da: z. B. *Carlina*, *Atractylis*, *Staehelina;* bei anderen sind die Bracteen noch mehr oder weniger tief zertheilt, die Kelchzipfel dagegen so tief, dass die Theile fast völlig selbstständig stehen: *Amphoricarpus* Vis.; bei anderen endlich ist sowohl die Theilung der Bracteen als der Kelchzipfel so weit vorgeschritten, dass die Theile jedenfalls in der entwickelten Blüthe als völlig selbstständige Borsten nebeneinander stehen: *Cirsium*, *Carduus*.

Dieses ist das Bild, welches sich für mich durch Betrachtung der Spreuborsten und Pappus-Körper der Cynareen enthüllt. Dabei darf man auch nicht vergessen, dass die Cynareen wegen ihres Blüthenbaues zu den Compositen gehören, die dem ursprünglichen Typus am nächsten stehen, sich am wenigsten von den Vorfahren entfernen [1]). Ganz natürlich ist es denn, wenn wir gerade bei ihnen Spuren des Entwickelungsganges fixirt finden.

Innerhalb derselben Abtheilung finden wir denn aber auch Arten, die gar keinen Pappus haben, wo der Kelch auf einen niedrigen Wulst beschränkt ist, z. B. *Centaurea Jacea*. Interessant ist nun, dass wir gerade in dieser Gattung alle möglichen Formen zwischen solchen, die lange Pappus-Borsten haben, und solche wo sie kurz sind oder ganz fehlen (vergl. Reichenbach Icones fl. German., und DeCandolle Mémoire). Dadurch wird auch das Verhältniss bei *Lappa* verständlicher: hier sind alle Pappus-Körper zu Emergenzen geworden, haben ihre Bedeutung als grössere Abschnitte des Blattes, als Blattzipfel, verloren.

4. Ob sich sonst Schlüsse über den Pappus aus einer Vergleichung der einzelnen Gattungen jeder Abtheilung oder der ganzen Familie ziehen lassen, weiss ich nicht; um dieses zu entscheiden, wäre ein sehr umfassendes systematisches Studium nothwendig, worauf ich mich jetzt nicht habe einlassen können. Uebrigens glaube ich es nicht; wir können wohl Gattungen aufstellen, die immer oder fast immer 5 Pappus-Körper haben, und, von diesen ausgehend, eine continuir-

---

1) Bei einigen Cynareen (z. B. *Xeranthemum*) treten zweilippige Kronen auf, wie einen Uebergang zu den Radiatifloren und Mutisiaceen bildend, von welchen letzten viele auch habituell Cynareen sehr ähnlich sind.

liche Reihe aufstellen, bis zu solchen, die eine ungeheure Zahl haben, etwa wie zum Theil oben in meinem Abschnitte über Stellung und Zahl gemacht wurde, aber eine solche Zusammenstellung erlaubt keine sichere Schlüsse über den morphologischen Werth. (Man vergleiche hierzu noch die Lund'schen Aeusserungen über die Uebergangsreihen etc. innerhalb der Hauptgruppen der Compositen).

5. Vergleichen wir den Kelch der Compositen mit dem der verwandten Familien (vergl. Eichler's Blüthendiagramme), werden wir bei den nächst stehenden weniger finden, was uns bestimmte Fingerzeige über die Phylogenese geben könnte; die Calycereen haben einen fast unveränderten Kelch, aber bei den Dipsaceen und Valerianeen begegnen wir denselben Schwierigkeiten wie bei den Compositen, ohne dass sie entscheidende Aufschlüsse geben. Von den Rubiaceen erhalten wir aber bestimmtere Anhaltspunkte. Eichler schreibt (l. c. 264): »Es ist im Uebrigen eine bemerkenswerthe Erscheinung, dass, wie bei letzteren Familien (Valerianeae, Dipsaceae, Compositae) der Kelch gleichzeitig mit seiner Reduction eine Tendenz zu unregelmässiger, d. h. von der typischen Fünfzahl abweichender Ausbildung zeigt und sehr häufig in Gestalt zahlreicher oder auch minderzähliger Borsten oder Zähne etc. ausgebildet wird, das nämliche auch bei manchen *Rubiaceen*, namentlich aus der Gruppe der *Spermacoceae* vorkommt«[1]). Bei den meisten Rubiaceen finden wir den Kelch regelmässig ausgebildet, in Alternation mit der Krone und in gleicher Zahl. Bei den mir bekannten Fällen, wo commissurale Zipfel zur Ausbildung kommen, sind die Kelchblätter immer typisch vorhanden; ebenso wenig wie man aber den commissuralen Zähnen am Kelche eines *Lythrum*, eines *Marrubium* eine Bedeutung als selbstständige Blätter zutheilen will, ebenso wenig wird es wohl Jemanden einfallen dieses zu thun bei Rubiaceen wie *Higginsia refulgens* (Bot. Mag. 5346), *Canthopsis* (Benth. et Hook. Genera, 113), *Rudgea* (Benth. et Hook. l. c. 125), *Emmeorhiza* und *Psyllocarpus* (Bth. et Hk. 146), *Spermacoce* und *Borreria* (Bth. et Hk. 145), *Triodon, Octodon, Diodia* u. a., die alle »dentes accessoriae interjectae« haben. Ganz dasselbe Verhältniss findet sich aber bei *Knautia*, *Ptero-*

1) Es dürfte dieses vielleicht als eine Art von der bisweilen z. B. an Kohlblättern vorkommenden »Phyllomanie«, wo adventive Blattzipfel und Lappen auf der Blattfläche zum Vorschein kommen, zu betrachten sein.

cephalus (vergl. Eichler's Diagramme, pg. 279), *Krigia* (Eichler's Diagramme, pg. 286) und vielen anderen Compositen, die 10 Pappus-Körper haben (vergl. oben und *Carlina* u. a.). Bei den oben organogenetisch untersuchten Gattungen, bei welchen (z. B. *Scorzonera, Sogalgina* u. a.) ein Pappus-Körper zwischen je zwei der primären, die den Kelchblättern oder jedenfalls den terminalen Borsten derselben entsprechen, entwickelt wird, ist dieser offenbar auch solchen »dentes interjectae« homolog.

Um nun zu verstehen, wie noch mehr Zipfel hinzukommen könnten, brauchen wir nur noch zu erinnern, dass selbst bei Rubiaceen kammförmig oder anders getheilte Kelchblätter vorkommen können (*Dischilanthe, Crusea, Sarcocephalus* u. a.), wie viel mehr dürften wir dann bei vielen Compositen erwarten, dass die Zertheilung der Blätter, die sowohl in der vegetativen als in der floralen Region vorkommt (man erinnere nur *Carlina, Cirsium, Centaurea* u. a.), auch bei den Kelchblättern auftreten würde und eben eine bedeutendere Rolle spielen kann, indem die eigentliche Blattmasse mehr zurückgedrängt wurde.

Ein anderes vorzügliches Vergleichs-Object bieten die Stipeln der Rubiaceen. Die der Stellaten sind allgemein bekannt; in ihrer Entstehung (vergl. Eichler, Zur Entwickelungsgesch. des Blattes) zeigen sie die grössten Uebereinstimmungen mit den Pappus-Körpern vieler Compositen, wie schon oben hervorgehoben wurde; weniger bekannt dürften die der Spermacoceen, von denen ich besonders die Gattungen *Spermacoce, Borreria* hervorheben werde, und anderen Rubiaceen, wie *Cephaelis, Serissa* etc. sein. Bei ihnen sind die Basen der opponirten Blätter durch eine Membran verbunden (wir haben einen gamophyllen Blattwirtel), und der Rand dieser Membran trägt nun 1 bis viele pfriemenförmige haardünne Zipfel. Die Entwickelungsgeschichte von diesen Blättern ist leider unbekannt; doch lässt sich aus den fertigen Zuständen schliessen, dass sie wenigstens in einigen Fällen wahrscheinlich folgende ist: der zuerst gebildete Zipfel steht genau in der Mitte zwischen den zwei Blattspreiten; darauf folgt zu jeder Seite von diesem 1, dann wieder zu jeder Seite 1 u. s. w., so dass die Anlegung der Zipfel von der zuerst angelegten nach den Blattspreiten hin divergirend vor sich geht; denn neben diesen stehen die niedrigsten (und jüngsten), nach der Mitte hin werden sie immer höher; in solchen Fällen ist die Zahl der Stipular-Zipfel jederseits eine ungleiche (1, 3,

5, 7, 9 und mehr, z. B. bei *Borreria hispida* Spruce 15—17). In anderen Fällen fand ich fast dieselbe Ordnung, nur standen eine weit kleinere Zahl zwischen je zwei der grossen; und von diesen Fällen wird man leise zu solchen geführt, wo gar keine Ordnung in der Stellung aufzufinden ist: kleinere und, wie es scheint, jüngere stehen zwischen den längeren, die auch nicht reguläre Längenverhältnisse zeigen. In diesen verschiedenen Fällen (den häufigsten) standen die Zipfel alle in einer Linie am Rande der Stipular-Scheide; nun habe ich aber auch Fälle gefunden z. B. bei einer brasilianischen *Borreria*, wo einige Zipfel innerhalb der anderen standen, wo wir also zwei Reihen hatten, und dieses zeigt uns also die Möglichkeit, dass, wenn die Stipular-Scheide etwa breiter wäre, noch mehr Reihen gebildet werden könnten, wodurch wir Analoga für den mehrreihigen Pappus erhielten. Bei einigen *Cephaelis*-Arten fand ich interpetioläre Achselblätter, und an der Innenseite von ihnen, nach dem Grunde hin, eine Reihe kurzer Borsten.

Alle diese Stipular-Zipfel sind eben nur Bildungen am Rande der zwei verwachsenen Blätter, und natürlich keine selbstständige Blätter; bei den meisten stehen sie an einem horizontal verlaufenden Scheidenrand, bei anderen hebt die Stipular-Scheide sich jederseits zu einem interpetiolaren Blättchen, an dessen Rande sie in nach unten abnehmender Grösse befestigt sind (z. B. *Cephaelis Ipecacuanha*); ob man sie aber als Blatt-Lacinien oder als Trichome (Metablasteme) betrachten soll, das kann man dem Geschmack jedes einzelnen Botanikers überlassen; ob man das eine oder das andere vorzieht, die Differenzen werden doch äusserst gering, besonders in den Fällen, wo wir nur 1 randständige Reihe haben.

Aus diesen Betrachtungen der Rubiaceen geht also hervor: obgleich die Rubiaceen nicht Durchgangsglieder für die Compositen gewesen sein brauchen, dürfen wir doch, da sie sicher gemeinsame Vorfahren gehabt, annehmen, dass die Pappus-Körper vieler Compositen (das ist: die nach den fünf ersten hinzukommenden) auf eine ähnliche Weise entstanden sind, wie die Commissural-Zähne und -Zipfel am Rubiaceen-Kelch und an der Stipular-Scheide. Nebenbei können andere Entstehungsweisen sich geltend gemacht haben, wie z. B. Zertheilung der Kelchblätter selbst, aber strenge genommen ist das eigentlich dasselbe wie die durch Commissural-Bildungen. Sollten Fälle vorkommen, wo mehr wie 5 Körper selbstständig auf der Axe angelegt werden, — und 6 entstehen wirklich bisweilen isolirt — würde nichts verhindern, auch die überzähligen als Commissural-Zipfel zu erklären; denn es kommt vor, dass solche wirklich sehr schnell nach den Hauptzipfeln angelegt werden, nach Payer bei *Lythrum* sogar vor diesen.

Abschliessende Uebersicht.

Fasse ich die Resultate aller vorliegenden Untersuchungen zusammen, so komme ich zu folgender Auffassung der Compositen-Blüthe.

Die jüngsten Vorfahren der Compositen der Jetztzeit hatten Zwitterblüthen [1]), einen verwachsenblättrigen fünftheiligen Kelch, eine gamopetale fünftheilige mit dem Kelche alternirende Krone, 5 mit dieser alternirende Staubblätter, wie bei den Gamopetalen im Allgemeinen mit der Krone verwachsen, und zwei in der Mediane liegende Fruchtblätter. Es ist möglich, dass die Fruchtknotenhöhle zwei Räume hatte, und mehrere Eichen, was aber während der Entwickelung, wegen der Veränderung des Blüthenstandes, reducirt wurde [2]). Wie der Blüthenstand war, lässt sich wohl noch nicht sagen; er ist vielleicht eine Umbella gewesen, denn der Fall scheint weit häufiger zu sein, dass das Köpfchen sich abnorm als Umbella ausbildet, als dass das Receptaculum stark verlängert wird und somit eine Aehre entsteht, was sogar, wie es scheint, noch nicht beobachtet worden ist. Zwei Vorblätter waren wahrscheinlich entwickelt. Unter der (auf morphologischen Gesetzen beruhenden) Weiterentwickelung der Compositen-Vorfahren wurde der Blüthenstand in ein Köpfchen verändert; die sterilen Hochblätter erhielten dann die schützende Rolle eines In-

1) Vergl. Hildebrand, Ueber die Geschlechtsverhältnisse bei den Compositen, Acta Leop. Car. XXXV, 1869.

2) Cassini glaubte, wie bekannt, »que le type primitif de l'ovaire des synanthères est un ovaire triloculaire, triovulé« und sah es für wahrscheinlich an, dass man eines Tages unter den Arctotideen solche Ovarien entdecken würde. Vergl. auch Rob. Brown Verm. Schriften, 2. Bd. S. 521 ff. Sachs nimmt 5 Fruchtblätter an, von denen 3 abortirten (Lehrb. 466).

volucrums, indem sie zusammengedrängt wurden; die fertilen Bracteen wurden entweder beibehalten oder entwickelten sich in zwei Richtungen: bei einigen verschwanden sie (spurlos), bei anderen (den Cynareen) wurden sie durch starke Zertheilung in die Spreuborsten umgewandelt; die Vorblätter verschwanden spurlos. Die hermaphroditen Blüthen veränderten sich theilweise geschlechtlich, und eine mit diesen Umänderungen in Verbindung stehende Vertheilung der Geschlechter des Köpfchens, sowie Umformung der Krone fand oft Statt; diese hat vielleicht einen biologischen Hintergrund (die Bestäubung durch Insecten); am wenigsten verändert wurde die Krone bei den hermaphroditischen Tubifloren, am meisten bei Labiatifloren (wozu Radiaten zu rechnen) und Liguliforen. Synandrie trat ein, und die Eichen wurden auf 1 (wahrscheinlich dem hinteren Fruchtblatte gehörendes) beschränkt, wozu wohl die gedrängte Stellung am nächsten der Grund war.

Der Kelch wurde als schützendes Organ überflüssig, indem theils die gedrängte Stellung der Blüthen, theils das Involucrum und die Krone hinreichend Schutz herbei führte, er wurde dann weniger entwickelt; schon Röper schrieb (Flora Mecklenb. 2, 111): »wo die Blumen im unentwickelten oder Knospenzustande vollständig eingeschlossen . . . . werden, ist es in der Regel der Kelch, — also die äusserste Blumendecke — der sich weniger entwickelt, bisweilen so wenig, dass er zu fehlen scheint«. Die nächste Folge hiervon war wieder die, dass der Kelch in seiner Anlage verspätet wurde, und daraus folgte wieder, dass die Kelchblätter nicht die ursprünglichen Stellungsverhältnisse behaupten konnten, sie fanden sich bei ihrer Geburt von den Nachbarblüthen in ihrer freien Entwickelung gehindert, und mussten sich nach den Stellungsverhältnissen dieser richten. Daher also die vielen Unregelmässigkeiten in ihrer Stellung [1]). Ich habe gezeigt, dass der 5-eckige Wulst, der bei allen unter der Krone entsteht, dem Kelche entspricht — gleichgültig ob die Ecken (Blattspitzen) sich früher entwickelten als das verbindende Gewebe, oder erst auf dem Ringwulste entstanden.

1) In Blüthen, wo Glieder durch Ablast verschwunden sind (z. B. Labiaten, Verbeaceen) lässt sich auch bisweilen (immer?) eine Verschiebung der übrig gebliebenen Glieder nachweisen, indem sie streben, den vorhandenen Platz aufs Zweckmässigste zu benutzen.

Bei vielen Gattungen ist der Kelch auf einen solchen rudimentären Zustand reducirt (*Lampsana*, *Bellis* u. a.[1]), und bei einigen, wie *Ambrosia* und *Xanthium* kommt er wahrscheinlich gar nicht zur Entwickelung.

Bei anderen Gattungen fand zwar eine Reduction Statt, aber gleichzeitig entwickelten Haare sich auf dem Kelche, die bei der Samenverbreitung als Flug-Apparat eine Rolle zu spielen kamen (*Seneccio-Lactuca*-Typus). Von *Lactuca* und *Taraxacum* z. B. wissen wir Folgendes: auf dem stumpf 5-eckigen Kelche entwickeln sich Körper a) mit einem äusserst einfachen Baue, wie ihn bei den Phanerogamen allein nur die Haare haben; b) mit der äusserst unordentlichen Stellung der Haare, c) in absteigender Folge und interponirt, oder (*Lactuca*) nicht nur das, sondern auch in aufsteigender Folge und mitten zwischen ältern interponirt, was wir bisher nur für Haare kennen; d) bei abweichend ausgebildeten Exemplaren entwickeln bis 5 Blätter sich auf dem Platze der Kelchblätter trotz und in Gegensatz zu den Haaren[2]). Aus allen diesen Verhältnissen geht hervor: alle diese Pflanzen und die sich ihnen anschliessenden haben normal einen rudimentären fünfblättrigen aber gamophyllen Kelch, der abnorm zur Ausbildung kommen kann; die Pappus-Körper sind dem Kelche aufgesetzte Haare. Sollten fünf von diesen genau die Spitzen der fünf Kelchblätter einnehmen, so werden sie als terminale Haare zu betrachten sein.

Auf eine etwas andere Weise ging die Entwickelung vor sich bei den Pflanzen des *Cirsium-Tragopogon*-Typus.

Bei diesen finden wir

a) fünf vor oder etwa gleichzeitig mit der Krone entwickelte konische Körper;

b) die oft genau mit der Krone in Alternation stehen;

c) bisweilen allein entwickelt werden;

---

1) Bei verschiedenen Gattungen löst sich eine ringförmige, die Pappus-Körper tragende Parthie (Cassini's »l'anneau«) von dem reifen Achänium ab; diese Parthie ist gewiss der gamophylle Kelchtheil oder ein Theil desselben (vergl. *Cirsium*, *Carduus*, *Cnicus*, *Cynara*, *Silybum*, *Alfredia*, *Sonchus* und viele andere Cichoriaceen).

2) Kommen noch mehr zum Vorschein, so müssen sie vielleicht als Commissural-Zipfel betrachtet werden.

d) die wie starke Emergenzen sind, welche direct in die 5 ersten Pappus-Körper sich entwickeln;

e) die an abnorm entwickelten Exemplaren blattartig ausgebildet vorhanden sind, wenn alle andere verschwunden sind. Hieraus geht hervor, dass sie den Kelchblättern homolog sind. Ob und wie gross ein Theil von jedem dieser fünf ersten Pappus-Körper einem terminalen Emergenz anzutheilen ist, lässt sich schwierig entscheiden. Die übrigen Pappus-Körper, die a) auf dem vereintwachsenden Theil des Kelchs entstehen, b) starke Emergenzen sind, c) sich unter gewissen Verhältnissen blattartig ausbilden und ausgebildete Gefässbündel führen können, sind Zipfel der Kelchblätter oder Emergenzen auf denselben. Sie sind auf dem ursprüngliehen Kelche zur Entwickelung gekommen, entweder durch Bildung commissuraler Emergenzen (Analogie: die Kelche und Stipeln vieler Rubiaceen), was sich bei der oben erwähnten *Tragopogon*-Art direct beobachten lässt in den Uebergängen von den peripherischen zu den centralen Blüthen, oder eher durch Zerklüftung und Spaltung (Chorisis) der ursprünglichen Kelchblätter, in Verbindung vielleicht mit dem, was eher eine Art Phyllomanie ist oder was Masters »Enation« nennt. Hierher zu ziehen auch die Fälle, wo die ursprünglichen Kelchblätter vielleicht schon kamm- und fiederförmig zerschlitzt waren, so dass diese Zipfel nur ein wenig weiter ausgebildet zu werden brauchten, während der ungetheilte und gamophylle Theil der Kelchblätter reducirt wurde, wozu die Cynareen zu rechnen sind (Analogien: die getheilten vegetativen und Involucral-Blätter derselben; die nachweislich vorkommende Theilung der Bracteen auf dem Receptaculum; die noch getheilten Pappus-Körper vieler Gattungen); oder endlich: sowohl durch Auftreten von commissuralen Zipfeln als durch Zertheilung der ursprünglichen Kelchblätter, wozu noch Bildung von Metablastemen zu rechnen ist: viele Cynareen, z. B. *Carlina* u. a., vielleicht auch *Tragopogon* und andere.

In allen diesen Fällen dürfen wir auch Entwickelung terminaler Haare auf den Kelchblattspitzen sowohl als auf den seitlichen Zipfeln annehmen, wobei die möglich schon existirenden stärker entwickelt wurden, indem vielleicht der eigentliche Blattkörper mehr reducirt wurde sowohl in Höhe als Breite. Hierfür spricht besonders deutlich jene unbestimmte *Tragopogon*. In jedem Falle wurden aber die Endzipfel der fünf Kelchblätter den hinzukommenden gleich, so dass sie eben so wenig in Bau, Grösse, Form (ausgenommen z. B. einzelne *Tragopogon*-Arten) von ihnen zu unterscheiden sind, wie die Hauptzipfel von den sogenannten Achselblättern vieler Stellaten. Sie verschwanden scheinbar zwischen den anderen, sind aber doch immer in der Entwickelung nachzuweisen.

Genauer betrachtet ist der Unterschied zwischen dem Entwickelungsgange, der zu dem *Senecio-Lactuca*-Typus führte, und dem, der zu dem *Cirsium-Tragopogon*-Typus führte, ziemlich gering: in dem einen Falle sind es Haare der Kelchblätter, in dem anderen stärkere Lacinien und Emergenzen, die zur Ausbildung gekommen sind, und wo ist die Grenze zwischen allen diesen Bildungen zu ziehen? (Man erinnere die Blätter vieler Cynareen, ferner dass jeder Zipfel ein terminales Haar tragen kann, welches durch Reducirung des eigentlichen Zipfels überwiegend werden kann). In allen Fällen dagegen wurde der gamophylle Theil des Kelchs sowohl als die eigentlichen Blattspreiten in ihrer Ausbildung sehr reducirt. Dagegen ist die von Lund supponirte und, wie er glaubt, vollständig bewiesene Ausbildung von selbstständigen neuen Blättern von diesen beiden Entwickelungsgängen sehr verschieden; ich finde keine einzige Thatsache, durch welche dieser Entwickelungsgang wahrscheinlich gemacht, noch weniger bewiesen wird; ich überlasse das Auffinden derselben dem oder den Urhebern der Theorie, indem ich übrigens auf alle fernere Diskussion verzichte.

Es muss also in jedem gegebenen Falle entschieden werden, wie der Compositen-Kelch aufzufassen ist. Ich gebe noch eine kurze Uebersicht über eine Anzahl Gattungen (besonders diejenigen, die im Vorhergehenden besprochen wurden) nach der von mir anzunehmenden Auffassung geordnet.

A. Kelch völlig geschwunden: sicherlich nur solche wie *Xanthium*, *Ambrosia*.

B. Kelch auf einen sehr niedrigen gewöhnlich fünfeckigen Saum reducirt: *Lampsana*-, *Bellis*-, *Matricaria*-Arten.

C. Dieser Kelchsaum in einen hyalinen trichomatischen Rand auslaufend, der oft in Zähne und kleine Zipfel unregelmässig ausläuft: *Tanacetum*, *Grangea*, *Pyrethrum*, *Matricaria*, *Ammobium* u. s. w.

D. Der Kelchsaum trägt zahlreiche Haarbildungen; lässt sich als eine weitere Entwickelung des vorigen Falls deuten: *Lactuca, Senecio, Taraxacum, Mulgedium, Ligularia, Cineraria.* Hierher auch: der Kelchsaum trägt trichomatische oft stark getheilte Schuppen: *Cichorium, Asteriscus* Moench.

E. Der Kelchsaum trägt zahlreiche Emergenzen, die unordentlich auf dem Rande, der Vorder- und Rückenseite stehen: *Lappa.*

F. Der Kelchsaum ist in commissurale und andere Zipfel, die wieder getheilt werden können, sowohl als in rand- und flächenständige Emergenzen aufgelöst (1 Reihe, mehrere Reihen); die fünf Kelchblätter bisweilen äusserst regelmässig gestellt: *Hieracium-, Cirsium-, Carduus-, Centaurea-*Arten, *Tragopogon, Hypochaeris, Palafoxia, Galinsoga, Sogalgina* u. s. w.

G. Der Kelchsaum in borstenähnliche Zipfel aufgelöst, zugleich haartragend: *Sonchus.*

H. Kelch normal, mit fünf stark ausgebildeten Blattzipfeln, die in der Peripherie stark trichomatisch ausgebildet sein können, bisweilen mit wenigen Commissural-Zipfeln: *Catananche, Gaillardia, Xeranthemum, Sphenogyne, Helenium tenuifolium* u. a.; mit 5 Commissural-Zipfeln: die mit *Sphenogyne* verwandte *Ursinia*, *Krigia* (Eichler, Diagr. pg. 286).

I. Ein oder zwei Kelchblätter (die beiden vorderen) stark entwickelt und gewöhnlich die normale Stellung einnehmend; die anderen in eine unregelmässig getheilte Membran verwachsen: *Tagetes* (vergl. S. 83).

K. Die freien Kelchtheile auf weniger als 5 reducirt — durch die besondere Form des Ovarium; es bleibt zweifelhaft, ob man in den ausgebildeten die Repräsentanten für ebenso viele verschobene Blätter sehen soll, während die anderen in ihren freien Theilen völlig unsichtbar sind, oder ob einige als Commissural-Gebilde aufzufassen sind: *Bidens, Coreopsis, Zinnia* u. s. w. (vergl. S. 80 ff.). Bei *Tithonia tagetifolia* haben die Scheibenblüthen eine grosse Zahl von Schüppchen, die unregelmässig gezähnt sind und auch selbst am Grunde mehr oder weniger vereinigt sein können; ausserdem 2 längere Borsten, von denen eine median hinten steht; die andere, je nach dem das Ovarium stark zusammengedrückt ist oder mehr dreieckig, median vorne oder schief nach vorne etwa den Platz eines vorderen Kelchblattes einnehmend. Dieses spricht dafür, diese vordere Borste als den Platz eines der vorderen Kelchblätter bezeichnend zu betrachten. Eine eingehende Vergleichung der verwandten Gattungen wird vielleicht die Folge lösen können [auch die Rubiaceen, die weniger Kelchzipfel als Kronblätter haben, und die Valerianeen werden mit in den Vergleich zu ziehen sein]. Dagegen scheint mir kein Grund für die Annahme zu sein, dass die zwei Pappus-Körper der stark vom Rücken zusammengedrückten Achänien eine ganz andere morphologische Bedeutung (Vorblätter) haben sollen, als alle andere Pappus-Körper; denn von Vorblättern sind überhaupt sonst keine Spuren nachzuweisen, und diese Pappus-Körper entsprechen den anderen in ihrer Insertions-Höhe, in ihrem Verhalten zum Kelchwulste, zu den bisweilen hinzukommenden etc. so vollständig, dass an ihrer Identität nicht zu zweifeln ist.

Kopenhagen (Nørrebro), im Herbste 1875.

Erklärung der Figuren.

c, Kelch. *cor*, Krone. *st*, Staubblätter. *cp*, Fruchtblätter. *ov*, Eichen. *br*, Bractee. *p*, Pappus. *f*, Receptacular-Processe (Spreuborsten etc.). *v*, Fibrovasal-Strang. *sp*, Spaltöffnung.

Tafel 1.

Cirsium arvense.

Fig. 1. Junge Blüthe in Längsschnitt.

Fig. 2. Hälfte einer etwas älteren.

Fig. 3. Eine ähnliche.

Fig. 4. Partie einer älteren Blüthe, wo der Kelch schon ziemlich bedeutend ist.

Fig. 5. Partie der Krone; ein ähnliches Stadium.

Fig. 6. Längsschnitt durch Krone und Staubblatt; älteres Stadium.

Fig. 7. Längsschnitt durch Krone und Kelch.

Fig. 8. Querschnitte durch ein Kronblatt.

Fig. 9. Radialer Längsschnitt durch den Kelch mit beginnender Pappus-Bildung.

Fig. 10. Tangentialer Längsschnitt durch einen jungen Pappus-Körper.

Fig. 11. Ein ähnlicher Schnitt nebst Oberflächenbild.

Fig. 12—15. Radiale Längsschnitte durch junge Pappus-Körper.

Fig. 16—17. Radiale Längsschnitte durch ältere; bei *p* ein junger.

Fig. 18. Spitze eines Pappus-Körpers im Längsschnitt.

Fig. 19, a—e. Successive Einstellungen eines Pappus-Körpers von der Spitze bis fast zum Grunde.

Fig. 20, a—e. Successive Einstellungen von der Spitze eines Pappus-Körpers bis zum Grunde desselben; der Schnitt *e* ist fast im Niveau mit der Oberfläche des Kelchwulstes.

Fig. 21, 22. Spitze und Querschnitt etwas unterhalb der Spitze von zwei Pappus-Körpern.

Fig. 23. Querschnitte durch eine Gruppe junger Blüthen, um die Stellungen der Kelchecken zu zeigen (120 : 1).

Fig. 24. Theil eines Querschnittes durch eine ältere Blüthe: Kelch mit Pappus-Köper: *a* die höchsten, vor den Staubblättern liegenden, *c* die jüngsten, eben hervorbrechenden (120 : 1).

Fig. 25. a—a sind die grössten Pappus-Körper; die punktirten heben sich eben hervor (120 : 1).

Fig. 26. Etwa die Hälfte eines Querschnittes. Durch die Buchstaben werden die verschiedenen Insertions-Höhen und dadurch hervorgerufenen Wirtel bezeichnet (120 : 1).

Fig. 27, 28. Junge Spreuborsten des Receptaculum.

Tafel 2.

Fig. 1—4. *Cirsium arvense.*

Fig. 1. Junge Blüthe mit regelmässiger Pappus-Stellung (75 : 1).

Fig. 2, 3. Haarbildung und intercaläres Wachsthum der Pappus-Körper.

Fig. 4. Radialer Längsschnitt durch den Discus.

Fig. 5—15. *Cirsium palustre.*

Fig. 5. Junge Blüthe, die Kelchbildung eben anfangend.

Fig. 6. Etwas ältere; zwei Pappus-Körper sind sichtbar; der Kelchwulst noch sehr schwach (120 : 1). Die punktirte Linie bezeichnet die innere Becherseite.

Fig. 7. Aeltere Blüthe (120 : 1). Die Staub- und Fruchtblätter sind gebildet, Oculum aber nicht.

Fig. 8. Kelchwulst einer jungen Blüthe; *br*, Bractee (120 : 1).

Fig. 9. Radialer Längsschnitt durch eine junge Blüthe.

Fig. 10, 11, 12. Querschnitte von jungen Blüthen, um den Becherwulst und die Stellungsverhältnisse vom Pappus zu zeigen (120 : 1). *a—a*, die (zuerst gebildeten) vor den Staubblättern liegenden Pappus-Körper.

Fig. 13, 14. Querschnitte durch zwei ältere Blüthen; *a—a*, wie in den vorigen Figg.; *b—c*, die intercalirten Pappus-Körper (120 : 1).

Fig. 15. *a—e*. Successive Einstellungen von der Spitze bis zum Grunde eines Pappus-Körpers.

Fig. 16. *Cirsium lanceolatum.*

Spreuborste in Längsschnitt.

Fig. 17—23. *Carduus crispus.*

Fig. 17, 18. Junge Blüthen von oben betrachtet.

Fig. 19. Junge Blüthe mit Bractee (*br*) in Längsschnitt.

Fig. 20, 21. Junge Spreuborsten in Längsschnitt. *i*, Intercellular-Raum.

Fig. 22. Spreuborste in Querschnitt, ältere.

Fig. 23. Querschnitt durch eine ältere Blüthe.

Fig. 24—29. *Galinsoga parviflora.*

Fig. 24. Pappus-Körper (aus einer weibl. Blüthe) (50 : 1). *v*, Fibrovasal-Strang.

Fig. 25. Junger Pappus-Körper in Längsschnitt.

Fig. 26. Aelterer; die Dermatogen-Zellen fangen an einen Flügelsaum zu bilden.

Fig. 27. Junger Pappus-Körper in Querschnitt. — Der Pfeil zeigt nach der Blüthenmitte hin.

Fig. 28. Junge Blüthe, deren Pappus-Körper alle angelegt sind. Die mit *a* bezeichneten stehen vor den Antheren (75 : 1).

Fig. 29. Querschnitt einer Blüthe in einem dem vorhergehenden entsprechenden Stadium.

Fig. 30—36. *Zinnia verticillata.*

Fig. 30. Junge Blüthe von oben gesehen (55 : 1).

Fig. 31. Junge weibliche Blüthe in Längsschnitt (55 : 1).

Fig. 32. Junge Zwitterblüthe (55 : 1).

Fig. 33. Junge Zwitterblüthe in Längsschnitt (55 : 1).

Fig. 34. Junge Zwitterblüthe. Der Kelchwulst ringsum gebildet (37 : 1).

Fig. 35. Aeltere Zwitterblüthe.

Fig. 36. Querschnitt durch eine Blüthe (37 : 1).

Tafel 3.

Fig. 1—23. *Tragopogon eriospermus.*

Fig. 1, 2. Junge Blüthen in Längsschnitt.

Fig. 3, 4. Desgleichen von oben gesehen und in Querschnitt (37 : 1).

Fig. 5. Ein Theil eines Längsschnittes durch eine junge Blüthe.

Fig. 6. Längsschnitt durch den Kelchwulst.

Fig. 7. Längsschnitt durch den Kelchwulst mit beginnender Pappus-Bildung. Einer der 5 grossen Pappus-Körper wird angelegt.

Fig. 8. Ein anderer Kelchwulst mit einem jungen Pappus-Körper.

Fig. 9. Radial-Längsschnitt von einer Blüthe wie Fig. 2. Die Kelchbildung fängt an.

Fig. 10. Tangent.-Längsschnitt durch einen Pappus-Körper.

Fig. 11. Radialer Längsschnitt durch einen Pappus-Körper.

Fig. 12. Querschnitte durch einen solchen.

Fig. 13. Spitze eines schon recht hohen Pappus-Körpers.

Fig. 14. Ein ganz junger Pappus-Körper von oben betrachtet; man übersieht den ganzen. Der Pfeil zeigt nach dem Centrum der Blüthe hin.

Fig. 15, 16. Zwei junge Blüthen, deren 5 erste Pappus-Körper schon recht lang sind.

Fig. 17. Eine ältere; die zahlreichen zwischenliegenden Pappus-Körper sind schon weit entwickelt.

Fig. 18. *a* Partie eines Kelches mit zwei der grossen (*a*—*a*) und einer Anzahl zwischenliegenden Pappus-Körper. Die zwei jüngsten von diesen sind mit Kreuz bezeichnet. *b*: Ein ähnlicher Kelch von oben gesehen ausgebreitet.

Fig. 19. Querschnitt einer älteren Blüthe, die Kelchtheile zeigend.

Fig. 20, 21. Aehnliche Querschnitte zwei älterer Blüthen. Die 5 ersten Pappus-Körper sind theils mit *a*, theils mit Kreuz bezeichnet.

Fig. 22. Längsschnitt durch einen der kürzeren Pappus-Körper; die Haarbildung hat schon angefangen. Die Zellen *t*—*t* wachsen zu Haaren aus.

Fig. 23. Theil der Spitze von einem der 5 grossen Pappus-Körper.

Fig. 24—32. *Scorzonera villosa* (27—32) und *hispida* (24, 25).

Fig. 24, 25. Querschnitte von zwei jungen Blüthen, um den Kelch zu zeigen.

Fig. 26. Theil einer älteren Blüthe.

Fig. 27, 28, 29. Theile von älteren Blüthen, welche die Stellung und durch die Buchstaben die Entwickelungsfolge der Pappus-Körper zeigen.

Fig. 30. Querschnitt, die Stellung der Pappus-Körper zeigend. Die Buchstaben entsprechen denen der vorhergehenden Figuren.

Fig. 31, 32. Haarbildung an dem Pappus.

Fig. 33—36. *Sogalgina triloba.*

Fig. 33, 34. Theile von zwei Kelchwülsten von oben gesehen, die Entstehungsfolge der Pappus-Körper zeigend (145 : 1).

Fig. 35. Ein Kelch mit seinem Pappus, von oben gesehen. *r* sind Oelgänge, die regelmässig vertheilt sind (75 : 1).

Fig. 36. Theil eines Blüthenlängsschnittes.

Fig 37—41. *Volutarella muricata.*

Fig. 37. Querschnitt durch einen Blüthenstand, die Stellung der Spreuschuppen zeigend (55 : 1)

Fig. 38. Stellung des Pappus. Die Gefässbündel bezeichnen die Stellung der Staubblätter. Die Kelchhauptzipfel sind mit *a* bezeichnet (75 : 1).

Fig. 39. Scheitelbild und Querschnitt von einer Spreuborste.

Fig. 40. 41. Zwei andere Scheitelbilder.

Tafel 4.

Fig. 1—30. *Lappa tomentosa.*

Fig. 1—6. Längsschnitte durch Blüthen verschiedenen Alters (55 : 1 u. 75 : 1).

Fig. 7. Theil des Kelches mit den Pappus-Bildungen von Fig. 6 (120: 1).

Fig. 8. *a—d.* Jüngere und ältere Blüthen, von aussen betrachtet (150:1).

Fig. 9. Querschnitt durch eine Anzahl Blüthen, die relativen Stellungsverhältnisse der Kelchecken und der Staubblätter zeigend (75 : 1).

Fig. 10. Querschnitt parallel des Receptaculum, die Stellung der Spreuborsten zeigend (37 : 1).

Fig. 11. Spreuborste in Querschnitt (210 : 1).

Fig. 12, 13. Längsschnitte durch den Kelchwulst beim Beginn der Pappus-Bildung.

Fig. 14—19. Tangent.-Längsschnitte durch die Pappus-Körper.

Fig. 20. Radialer Längsschnitt durch einige Pappus-Körper.

Fig. 21. Theil eines Blüthenlängsschnittes.

Fig. 22. Eine Anzahl Pappus-Körper, von aussen betrachtet; die punktirten liegen hinter den andern.

Fig. 23. Theil eines Blüthenquerschnittes, des Kelchwulstes mit dem noch höchstens halbkugelförmigen Pappus-Körper. Die mit Kreuz bezeichneten sind die höchsten. Die punktirten werden eben sichtbar (120 : 1).

Fig. 24. Ein ähnlicher Querschnitt aus einer älteren Blüthe (210 : 1).

Fig. 25. Aus einer noch älteren Blüthe. Die punktirten treten soeben hervor (210 : 1).

Fig. 26—29. Scheitelbilder und Querschnitte verschiedener Pappus-Körper.

Fig. 30. Längsschnitt durch die Querwülste der Früchte (210 : 1).

Fig. 31, 32. *Helenium tenuifolium.*

Fig. 31. Querschnitt, die Kelchzähne zeigend (75 : 1).

Fig. 32. Eine Blüthe von aussen betrachtet (75 : 1).

Fig. 33—35. *Thrincia hispida.*

Querschnitte um die Stellung der Kelchzähne zu zeigen (75 : 1).

Fig. 36. *Conoclinium janthinum.*

Querschnitt die Stellung der Kelchecken zeigend (145 : 1).

Tafel 5.

Fig. 1—31. *Senecio vulgaris* und *viscosus.*

Fig. 1. Eine ganz junge Blüthe in Längsschnitt.

Fig. 2. Eine ältere Blüthe; die Staubblattbildung ist begonnen.

Fig. 3, 4. Zwei Längsschnitte, Kelch, Krone und Staubblattbildung zeigend.

Fig. 5. Krone in Längsschnitt.

Fig. 6. Längsschnitt, Kelch, Krone, Staubblatt und Fruchtblatt in Bildung zeigend.

Fig. 7. Längsschnitt den Kelch mit einem Pappus-Körper und ein Fruchtblatt in Bildung zeigend.

Fig. 8. Kelch mit jungem Pappus-Körper. Längsschnitt.

Fig. 9. Wie voriges Bild, von *Senecio Jacobaea.*

Fig. 10. Eine ganze Blüthe in Längsschnitt.

Fig. 11. Successive Einstellungsbilder von der Spitze bis zum Grunde eines Pappus-Körpers.

Fig. 12. Haarbildung am Fruchtknoten.

Fig. 13—25. Längsbilder verschiedener Pappus-Haare.

Fig. 26. Querschnitt einer Blüthe von *S. viscosus* (75 : 1).

Fig. 27. Theil eines Kelchwulstes mit den Pappus-Körpern; dieselbe Spec. Die mit Kreuz bezeichneten sind die längsten, die punktirten werden eben geboren (210 : 1).

Fig. 28. Bild wie voriges (120 : 1).

Fig. 29. Ganzer Kelch mit seinen Pappus-Körpern von oben (210 : 1).

Fig. 30. Theil eines Kelchwulstes, Scheitelbilder der Pappus-Körper zeigend (350 : 1).

Fig. 31. Theil eines Kelchwulstes von *Sen. vulgaris* (120 : 1).

Fig. 32—35. *Bellis perennis.*

Fig. 32. Junge Blüthe in Längsschnitt.

Fig. 33. Längsschnitt durch eine Blüthe; bei *h* die Ovarial-Höhle.

Fig. 34. Basis der Krone mit einem Haare (210 : 1).

Fig. 35. Theil der Oberfläche des Fruchtknotens, die Haarbildungszellen zeigend; diese sind mit Kreuz bezeichnet; das Haar, dessen Zellen abgerundet sind, hebt sich höher über die Oberfläche empor als die anderen.

Fig. 36—38. *Cineraria palustris.*

Fig. 36. Kelchrand mit Pappus von oben (145 : 1).

Fig. 37. Kelchtheil mit Pappus in tangentialem Längsschnitt.

Fig. 38. Scheitelbild und successive Querschnitte eines Pappus-Körpers.

Fig. 39. *Ligularia macrophylla.*

Ein Pappus-Körper.

Tafel 6.

Fig. 1—18. *Sonchus* (*arvensis;* Fig. 3 und 6 *palustris*).

Fig. 1. Querschnitt einer Gruppe von Blüthen, welcher die Stellung der Kelchecken im Verhältniss zu den Staubblättern zeigt (120 : 1).

Fig. 2. Querschnitt einer Blüthe dasselbe zeigend (120 : 1).

Fig. 3. Querschnitt einer Blüthe von *S. palustris* die Stellungsverhältnisse zeigend (55 : 1).

Fig. 4. Kelchpartbie mit dem Pappus von oben gesehen (120 : 1).

Fig. 5. Querschnitt einer Blüthe den ganzen Kelch zeigend; an der einen Hälfte sind alle Pappus-Körper gezeichnet worden (120 : 1).

Fig. 6. Ein Theil des in Fig. 5 abgebildeten Querschnittes, um die Stellungsverhältnisse der kleineren Pappus-Körper genauer und den inneren Bau derselben zu zeigen.

Fig. 7. Querschnitt einer Blüthe, um die Stellungsverhältnisse der Pappus-Körper derselben zu zeigen; die drei mit Kreuz bezeichneten gehören einer Nachbarblüthe. Von *S. palustris* (145 : 1).

Fig. 8. Scheitelbild und 3 successive Querschnitte durch einen der dünnen Pappus-Körper.

Fig. 9—15. Radiale Längsschnitte durch kleinere und grössere (Figg. 9 und 15) Pappus-Körper.

Fig. 16, 17. Tangent. Längsschnitte (17 mit Oberflächenbild) durch zwei Pappus-Körper verschiedenen Alters.

Fig. 18. Spitze (*a*), mittlerer Theil (*b*) und Basis (*c*) eines dünnen Pappus-Körpers.

Fig. 19—28. *Lactuca muralis* und *perennis*.

Fig. 19—21. Kelchwülste mit Pappus-Bildung in Längsschnitt.

Fig. 22—24. Verschiedene Pappus-Körper in Längsschnitt.

Fig. 25. Theil des Kelchwulstes mit den Pappus-Körpern.

Fig. 26. Theil eines Kelchwulstes; die schraffirten Zellen sind Basal-Zellen zweier Haare.

Fig. 27. Vier Pappus-Körper in Scheitelbilder und theils auch in Querschnitt.

Fig. 28. Ein Theil eines alten Pappus-Körpers.

Fig 29, 30. *Mulgedium*.

Fig. 29. *a* und *b*. Zwei Pappus-Körper, die sich eben über den Kelchwall gehoben haben.

Fig. 30. Ein Pappus-Körper; Längsbild. (Vergl. S. 44.)

Fig. 31—35. *Taraxacum officinale*.

Fig. 31. Eine junge Blüthe von oben betrachtet (Querschnitt) (145 : 1).

Fig. 32. Theil eines Querschnittes den Kelchwulst mit dem Pappus zeigend (145 : 1).

Fig. 33. Eine Partie des Kelches mit den Pappus-Körpern.

Fig. 34. Querschnitt eines ausgewachsenen Pappus-Körpers.

Fig. 35. Oberfläche einer jungen Frucht dicht oben unter dem Fruchtschnabel (37 : 1).

Tafel 7.

Fig. 1—7. *Tanacetum.*

Fig. 1. Kelch einer jungen Blüthe (50 : 1).

Fig. 2. Längsschnitt durch den Kelchsaum einer jungen Blüthe.

Fig. 3. Längsschnitt durch den Kelchsaum einer entfalteten Blüthe.

Fig. 4. Längsschnitt durch den oberen Theil des Kelchsaumes einer ähnlichen.

Fig. 5. Scheitelbild des jungen Kelchsaumes.

Fig. 6, 7. Querschnitte im oberen Theile desselben und weiter nach unten.

Fig. 8—11. *Grangea aegyptiaca.*

Fig. 8. Ein ganz junger Kelchwulst von aussen betrachtet; die punktirten Zellwände gehören den unterliegenden Zellen.

Fig. 9. Theil eines älteren Kelches, von aussen betrachtet.

Fig. 10. Haar des Ovarium.

Fig. 11. Eine junge Blüthe.

Fig. 12—14. *Pyrethrum corymbosum.*

Fig. 12, 13. Zwei junge Blüthen in Längsschnitt; die erste weibliche, die zweite Zwitter-Blüthe. Etwa 60 : 1.

Fig. 14. Ovarium mit Kelch einer weit entwickelten Blüthe.

Fig. 15—23. *Tagetes erecta* u. *patula.*

Fig. 15. Kelch von *T. patula.* (c. 2 : 1).

Fig. 16 *a* und *b*. Kelchtheile von *T. erecta.*

Fig. 17, 18. Zwei junge Blüthen von *T. patula.*

Fig. 19. Eine Gruppe junger Blüthen von oben betrachtet, die Stellung der Kelchecken und Staubblätter zeigend. *r—r* giebt die Peripherie des Köpfchens an (*T. erecta*) (115 : 1).

Fig. 20, 21. Querschnitte von weit entwickelten, aber noch nicht entfalteten Blüthen. Selbige Art (37 : 1).

Fig. 22. Querschnitt durch den in Fig. 16, *b* abgebildeten Kelch (210 : 1).

Fig. 23. Längsschnitt durch den Kelch einer noch nicht entfalteten Blüthe (*T. patula*) (210 : 1).

Fig. 24, 25. *Aster Tripolium.*

Fig. 24. Querschnitt eines Pappus-Körpers.

Fig. 25. Stück eines solchen von aussen betrachtet.

Fig. 26—29. *Erigeron acre.*

Fig. 26. Querschnitte zweier Pappus-Körper.

Fig. 27. Partie eines Pappus-Körpers (300 : 1).

Fig. 28, 29. Junge Blüthe von aussen betrachtet.

Fig. 30—32. *Echidnacea purpurea.*

Fig. 30. Eine junge Blüthe (weibliche).

Fig. 31. Ovarium mit Pappus einer anderen Blüthe.

Fig. 32. Querschnitt durch einen Theil des Kelches.

Fig. 33—36. *Solidago Virga-aurea.*

Fig. 33. Längsschnitt durch einen der Receptaculum-Wülste.

Fig. 34. Querschnitt einer weiblichen jungen Blüthe (120 : 1).

Fig. 35. Desgleichen einer Zwitterblüthe. Die vor den Staubblättern stehenden Ecken sind mit Kreuz bezeichnet (120 : 1).

Fig. 36. Querschnitt einer älteren Blüthe die Stellung der Pappus-Körper zeigend (120 : 1).

Fig. 37. *Coreopsis tinctoria.*

Querschnitt einer (4-zähligen) Blüthe mit Bractee.

Fig. 38, 39. *Bidens sp.*

Querschnitte zweier Blüthen mit ihren Bracteen; die eine hat 2, die andere 3 Pappus-Körper.

Tafel 8.

Fig. 1—15. *Antennaria dioica.*

Fig. 1. Längsschnitt einer jungen männl. Blüthe.

Fig. 2, 3. Hälften von Längsschnitten zweier weibl. Blüthen.

Fig. 4. Junge weibliche Blüthe; Längsschnitt (150 : 1).

Fig. 5. Aeltere weibliche Blüthe; der Kelch als Ringwulst angelegt (150:1).

Fig. 6. Noch ältere; die Pappus-Bildung beginnt (150 : 1).

Fig. 7. Ein Kelchwulst bei etwas verschiedener Einstellung, in *b* mit Pappus-Bildung.

Fig. 8. Junger Pappus-Körper von aussen gesehen (*a*) und im optischen Längsschnitte (*b*).

Fig. 9. Radialer Längsschnitt durch einen Pappus-Körper.

Fig. 10. *a.* Aus einer männlichen Blüthe; Pappus-Körper mit 4 äusseren Zellreihen. *b.* ein anderer mit nur 3 Zellreihen.

Fig. 11. Ein Pappus-Körper, aus 6 äusseren und einer inneren Zellreihe gebildet; links von Aussen, rechts in optischem Längsschnitte dargestellt.

Fig. 12. Ein Pappus-Körper. Die mittlere Reihe stellt denselben von aussen und vorne betrachtet dar; die linke den optischen Längsschnitt; die rechte die tiefste (hintere) Einstellung.

Fig. 13. Ein Pappus-Körper in vorderm Oberflächenbilde (rechts), mittlerer Einstellung (die mittlere Fig.) und tiefste Einstellung (links).

Fig. 14. Oberfläche vom Ovarium und Kelchrande einer Blüthe etwa wie die Fig. 5.

Fig. 15—23. *Tussilago Farfara.*

Fig. 15. Junges Blüthenköpfchen, dessen Blüthen eben angelegt worden sind (37 : 1).

Fig. 16. Ein älteres (37 : 1).

Fig. 17. Eine weibl. Blüthe in Längsschnitt (11 : 1).

Fig. 18. Kelch einer weiblichen Blüthe in Pappus-Bildung (145 : 1).

Fig. 19. Eine junge männliche Blüthe von oben; der Kelch in Pappus-Bildung.

Fig. 20. Querschnitt einer älteren männlichen Blüthe.

Fig. 21, 22. Zwei Querschnitte noch älterer Blüthen, die Pappus-Stellung zeigend.

Fig. 23. Receptacular-Procur in Entstehung begriffen (145 : 1).

Fig. 24—26. *Palafoxia Texana.*

Fig. 24. Pappus-Körper (c. 15 : 1).
Fig. 25. Flügelbildung im Anfang. Die Epidermis-Zellen theilen sich (325 : 1).
Fig. 26. Aelteres Stadium der Flügelbildung (210 : 1).

Fig. 27—30. *Gnaphalium uliginosum.*

Fig. 27. Eine weibliche und eine hermaphroditische Blüthe aus demselben Köpfchen.
Fig. 28. Junges Köpfchen in Längsschnitt.
Fig. 29. Aelteres Köpfchen in Längsschnitt.
Fig. 30. Aeltere weibliche Blüthe in Längsschnitt.

Fig 31, 32. *Centaurea Cyanus.*

Fig. 31. Theil einer Blüthe, an derem Kelche die Pappus-Körper zum Vorschein kommen; um ihren Grund Spreuborsten (120 : 1).
Fig. 32. Theil eines älteren Kelches mit dem inneren (*s—s*) und dem nachfolgenden Wirtel vom Pappus-Körper (120 : 1).

Fig. 33. *Anacyclus Pyrethrum.*

Junge Blüthe mit ihrer Bractee.

Fig. 34. *Acicarpha spathulata.*

Junge Blüthe, an der die Kelchblätter und Corolle angelegt sind (145 : 1).

Tafel 9.

Fig. 1—7. *Hippuris vulgaris.*

Fig. 1. Ganz junges Blatt in radialem Längsschnitte.
Fig. 2, 3. Zwei etwa gleich alte Blätter, ebenso.
Fig. 4, 5. Zwei ältere, ebenso gleich alte Blätter.
Fig. 6. Querschnitt eines jungen Blattes.
Fig. 7. Optischer Längsschnitt durch die Spitze eines jungen Blattes.

Fig. 8—13. *Hieracium umbellatum.*

Fig. 8. Längsschnitt durch einen jungen Receptacular-Process.
Fig. 9, 10. Zwei junge Blüthen von oben betrachtet (120 : 1).
Fig. 11. Eine ähnliche von der Seite gesehen (120 : 1).
Fig. 12. Der Kelch mit seinen Pappus-Körpern von oben; die mit Kreuz bezeichneten sind die längsten durch den Schnitt überschnittenen Pappus-Körper; die punktirten heben sich eben halbkugelig hervor; die andern liegen zwischen diesen Extremen (120 : 1).
Fig. 13. Theil des Kelches einer älteren Blüthe, in welcher die Pollenkörner schon gebildet sind (120 : 1).

Fig. 14—18. *Leontodon.*

Fig. 14. Querschnitt durch vier Blüthen, welcher zeigt, dass der Kelch sehr regelmässig vor den Staubblättern gestellte Ecken haben kann (*L. hispidus*) (120 : 1).
Fig. 15. Querschnitt einer älteren Blüthe (*L. autumnale*) (120 : 1).
Fig. 16. Stellung des Pappus in einer alten aber noch nicht entfalteten Blüthe (*L. hispidus*) (55 : 1).
Fig. 17. Querschnitt am Grunde eines alten, aber noch nicht ausgewachsenen Pappus-Körper (*L. hispidus*).
Fig. 18. Discus von oben betrachtet. Die 5 Ecken alterniren mit den Staubblättern (*L. autumnale*) (210 : 1).

Fig. 19—23. *Hypochaeris radicata.*

Fig. 19. Kelchrand mit Pappus-Körpern (120 : 1).
Fig. 20. Kelch mit Pappus von der Seite (120 : 1).
Fig. 21. Kelch mit Pappus aus einer älteren Blüthe, von der Seite gesehen. (120 : 1).
Fig. 22. Querschnitt einer jungen Knospe, den Kelch mit den Pappus-Anlagen zeigend (120 : 1).
Fig. 23. Desgleichen einer alten Knospe (120 : 1).

Fig. 24. *Centaurea Cyanus.*

Spreuborste in Querschnitt; *i*, Intercellular-Raum.

Fig. 25, 26. *Centaurea Scabiosa.*

Theile von zwei Kelchen, die Stellung der Pappus-Körper zeigend (145 : 1).

Fig. 27—33. *Cichorium.*

Fig. 27. Theil eines jungen Kelches, die Stellung der Pappus-Körper zeigend. 1 ist der höchste Pappus-Körper; 2—2 die nächst höchsten; 3 folgt danach; die punktirten kommen eben zum Vorschein. *v* Fibrovasalstränge der Staubblätter (145 : 1).

Fig. 28. Theil eines älteren Kelches mit Pappus-Körpern (75 : 1).

Fig. 29, 30, 31. Junge Pappus-Körper in Längsschnitt.

Fig. 32, 33. Zwei junge Pappus-Körper, Scheitelbild und Querschnitt.

(Die Bilder sind alle vom Verfasser selbst mit der Camera clara gezeichnet. Die histologischen Bilder, bei welchen keine Vergrösserung angegeben ist, sind 350—360 Mal vergrössert.)

Universitäts-Buchdruckerei von Carl Georgi in Bonn.

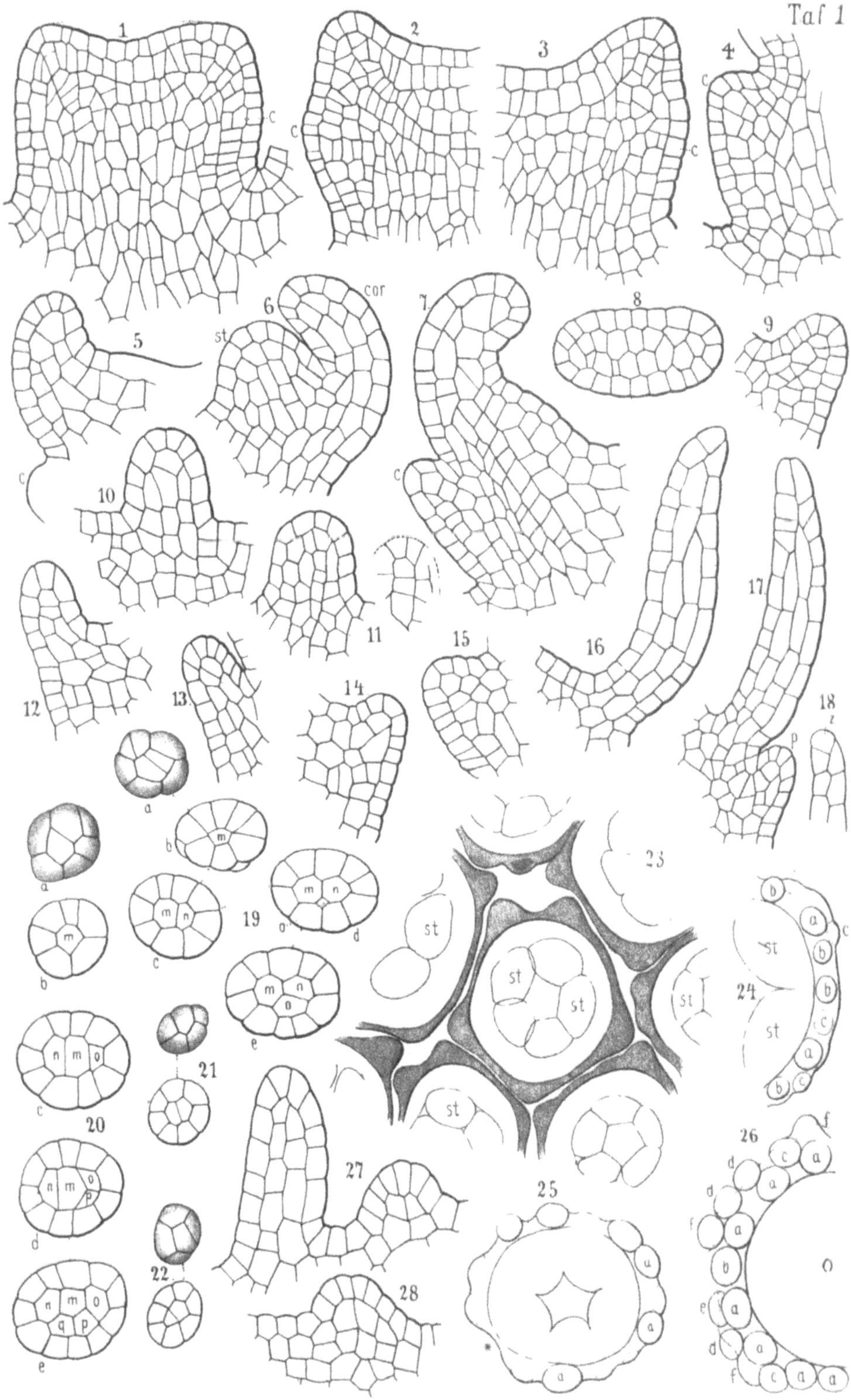

Cirsium

Warming gez.

Lith. Inst. v. A. Henry in Bonn

Taf 2

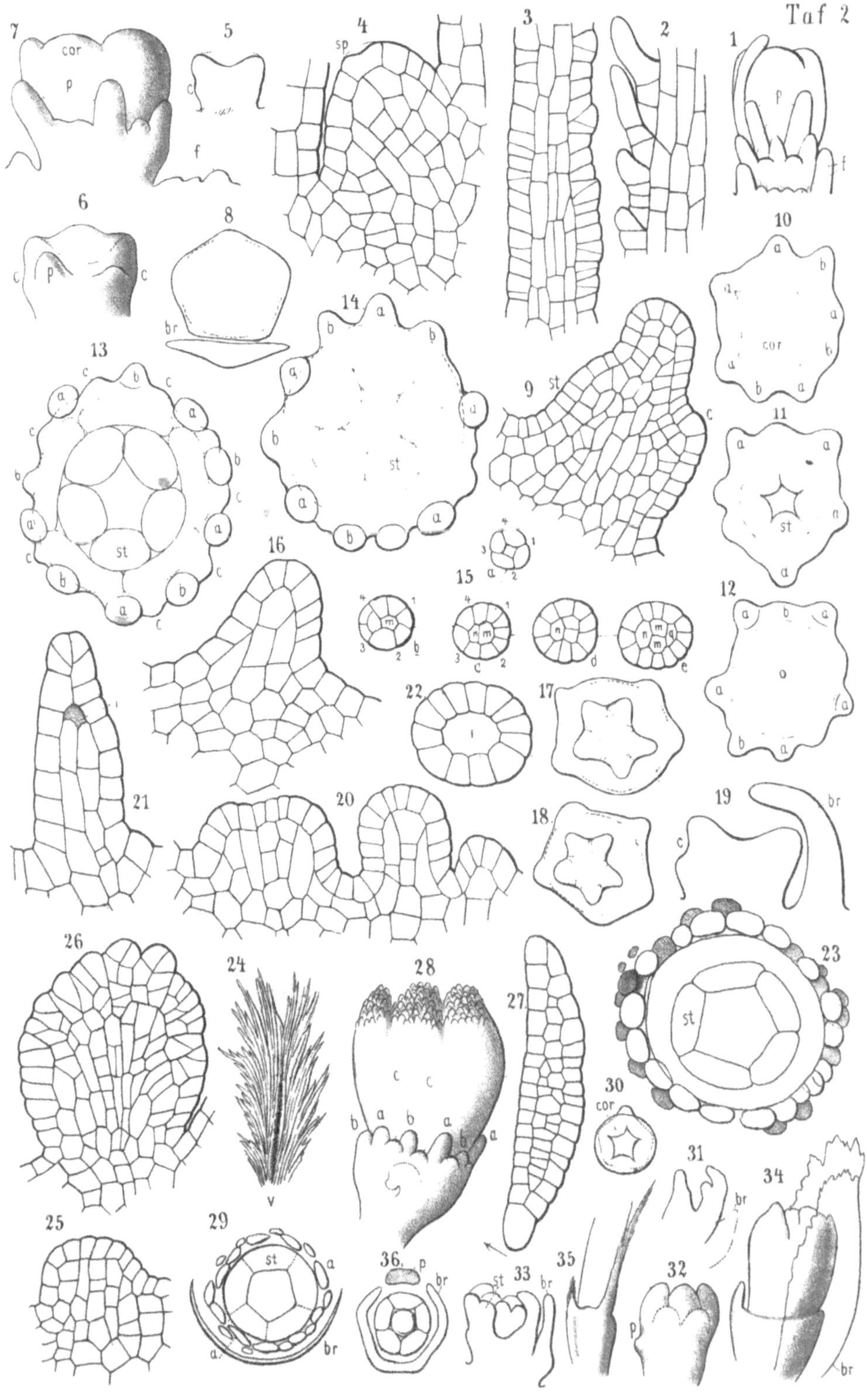

1-16 Cirsium 17-22 Carduus 24-29 Galinsoga 30-36 Zinnia

Warming gez. Lith. Inst. v. A. Henry in Bonn

Taf. 3.

1-23. Tragopogon. 24-32. Scorzonera. 33-36. Sogalgina. 37-41. Volutarella.

Warming gez.

Lith. Anst. v. A. Henry in Bonn

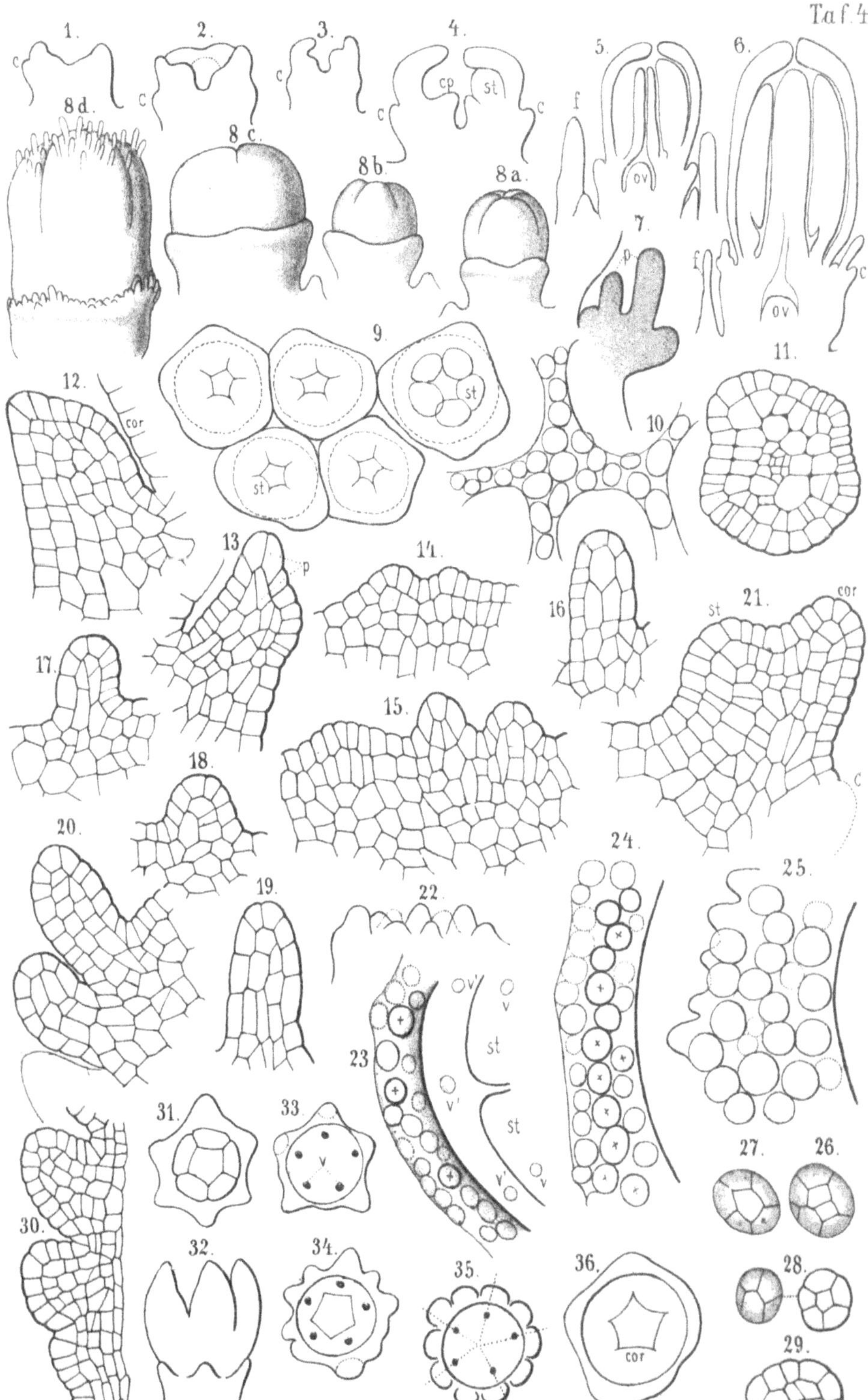

1-30, Lappa. 31-32, Helenium. 33-35, Thrincia. 36, Conoclinium.

Warming, gez. Lith. Inst. v. A. Henry, in Bonn.

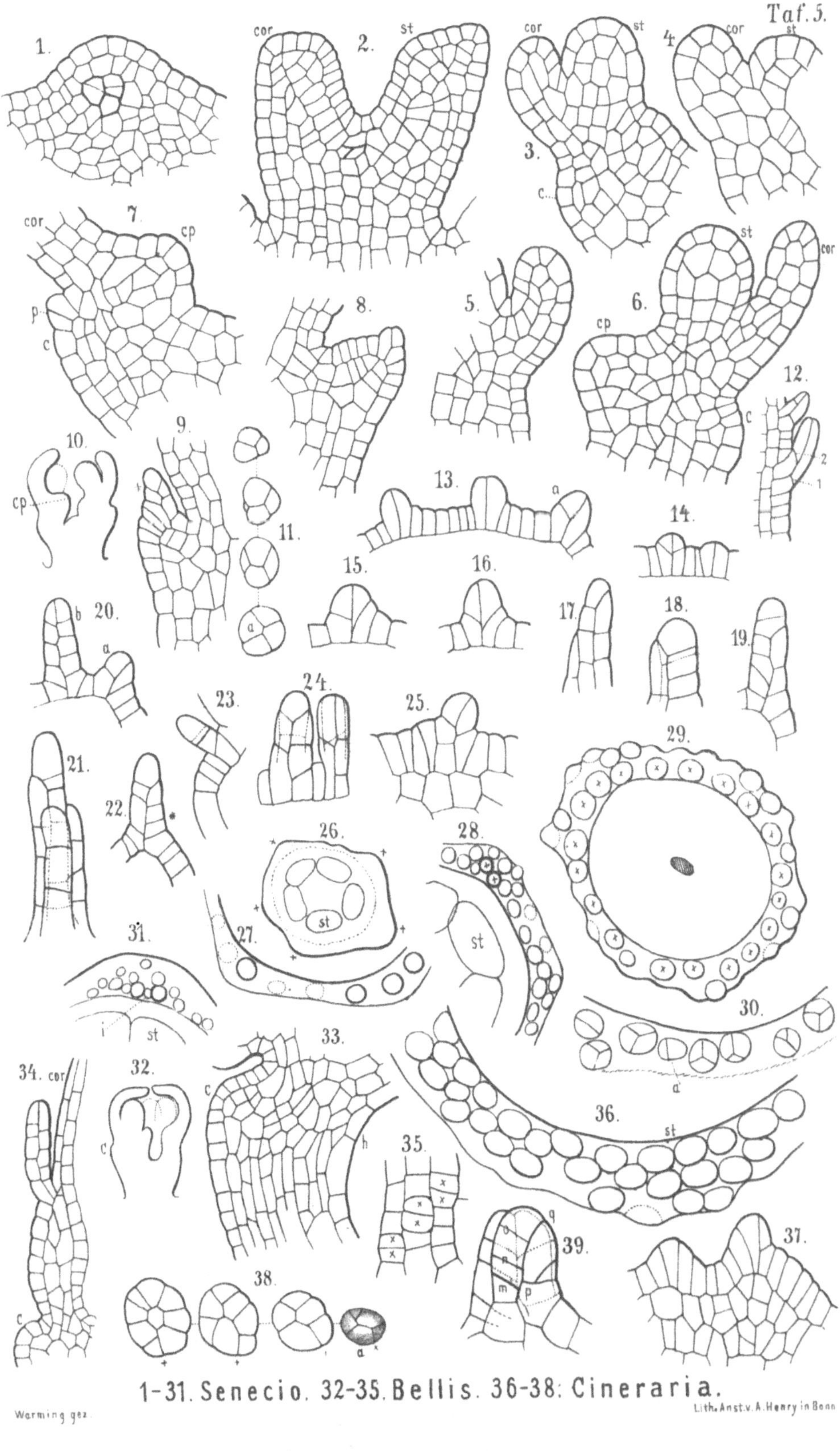

1-31. Senecio. 32-35. Bellis. 36-38: Cineraria.

Warming gez.

Lith. Anst. v. A. Henry in Bonn

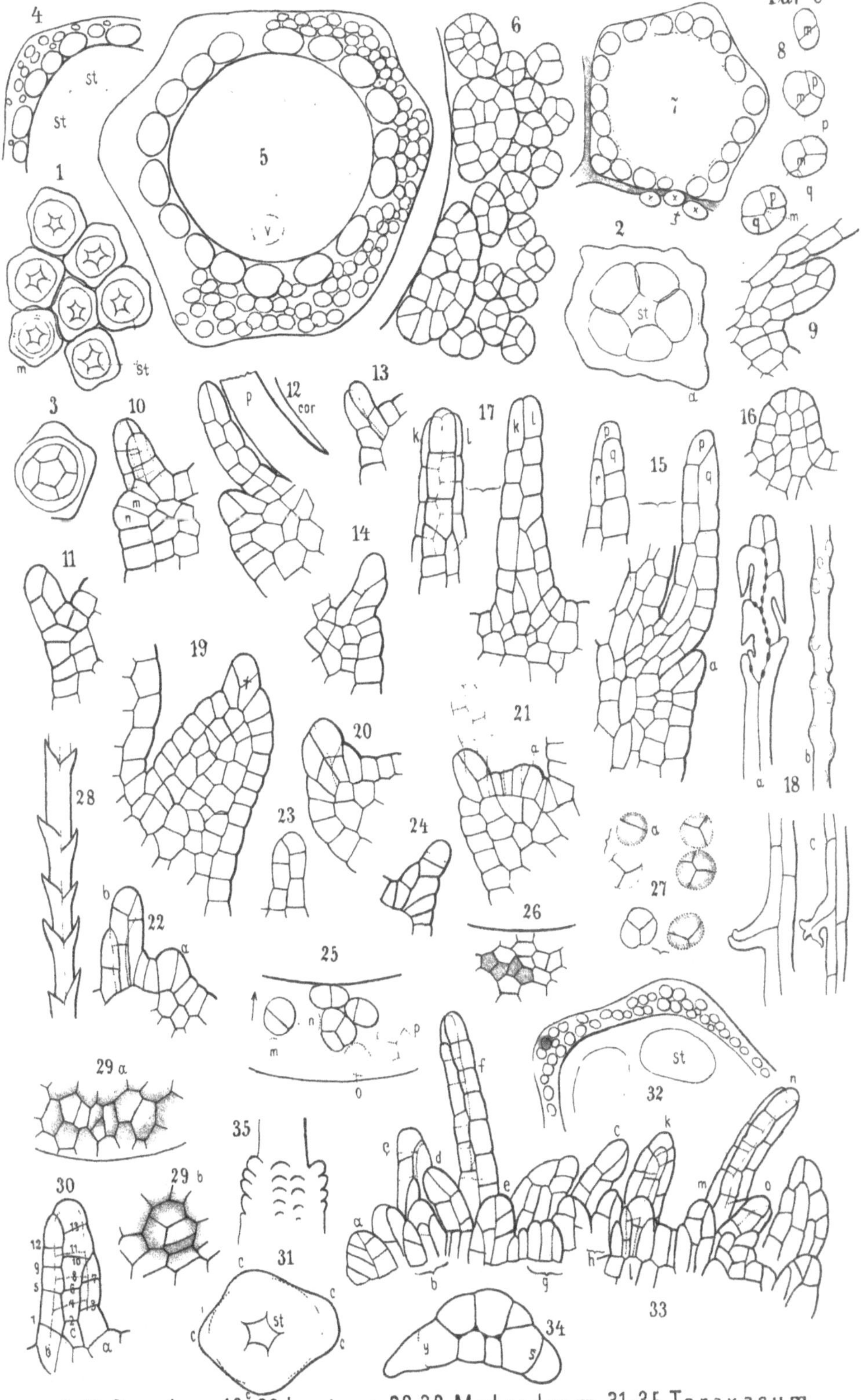

1-18. Sonchus 19-28. Lactuca 28-30. Mulgedium 31-35. Taraxacum.

Warming gez.

Lith. Inst. A. Henry in Bonn

Taf 7

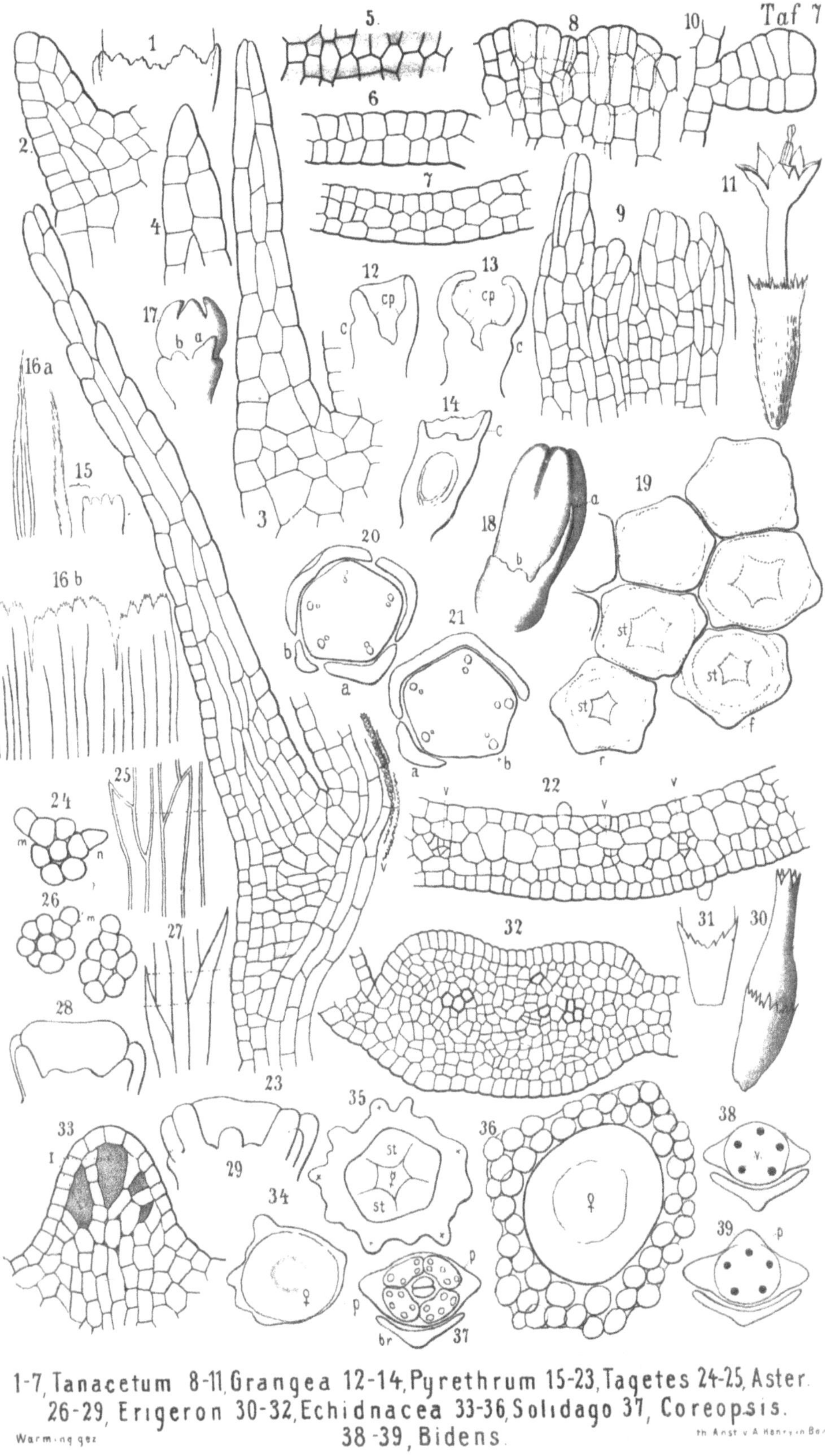

1-7, Tanacetum 8-11, Grangea 12-14, Pyrethrum 15-23, Tagetes 24-25, Aster. 26-29, Erigeron 30-32, Echidnacea 33-36, Solidago 37, Coreopsis. 38-39, Bidens.

Warming gez. th. Anst. v. A. Henry in Bonn

Taf 8

1-15, Antennaria 15-23, Tussilago 24-26, Palafoxia 27-30, Gnaphalium
31-32, Centaurea 33, Anacyclus 34, Acicarpha

Warming gez

Lith Anst v A Henry, Bonn

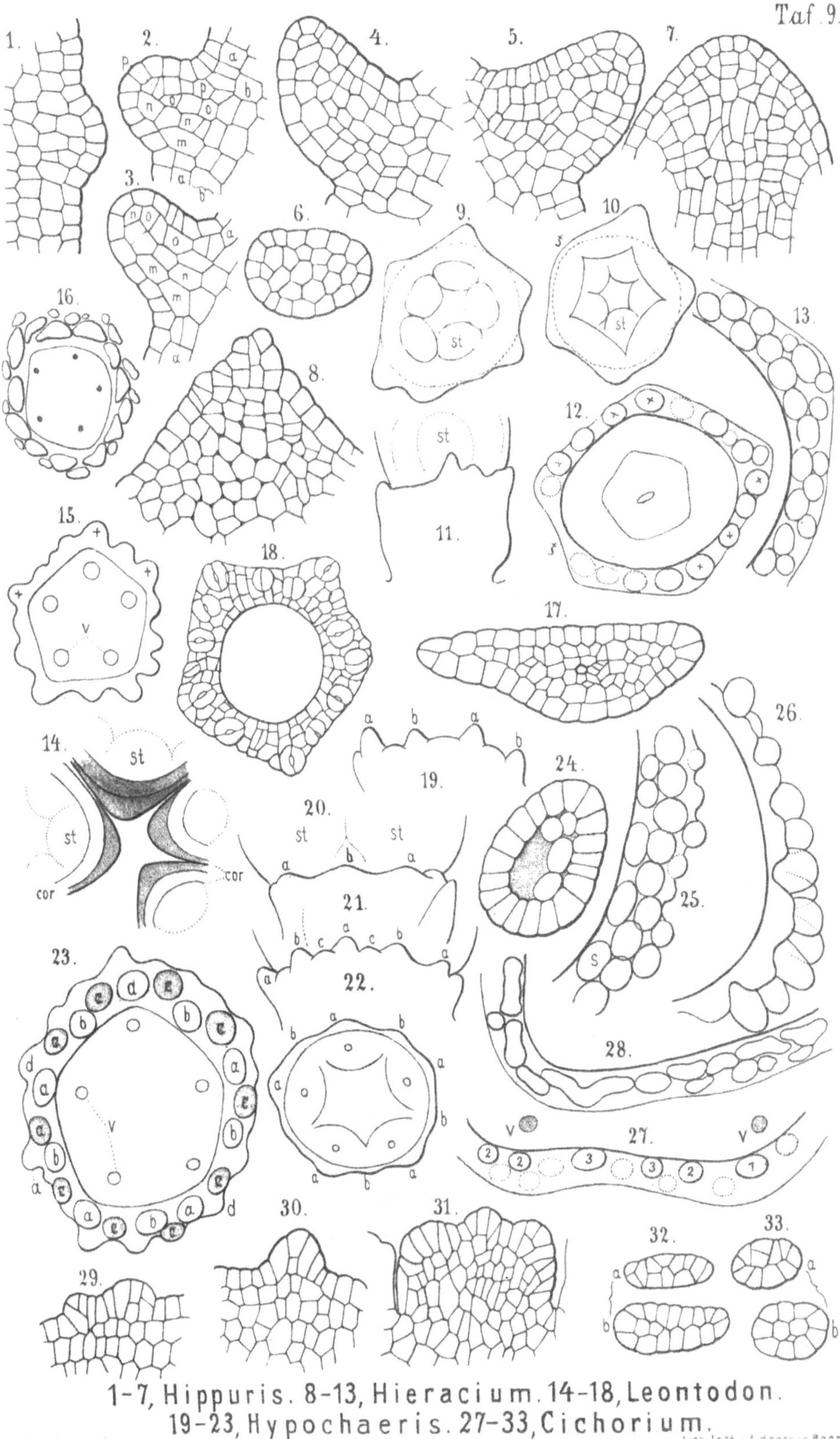

1–7, Hippuris. 8–13, Hieracium. 14–18, Leontodon.
19–23, Hypochaeris. 27–33, Cichorium.

Warming, gez. Lith. Inst. v. A. Henry in Bonn

Das I. Heft des **1. Bandes** der

Botanischen Abhandlungen

enthält:

Die Entwicklung des Keimes der Monokotylen und Dikotylen von **Dr. Johannes Hanstein.** Mit 18 lithographirten Tafeln. 1870. Preis 8 *M.* 50 *₰.*

Das II. Heft enthält:

Untersuchungen über Bau und Entwicklung der Bacillariaceen (Diatomaceen) von **Dr. Ernst Pfitzer.** Mit 6 Tafeln in Farbendruck. 1871. Preis 7 *M.*

Das III. Heft enthält:

Untersuchungen über Wachsthumsgeschichte und Morphologie der Phanerogamen-Wurzel von **Johannes Reinke.** Mit 2 lithographirten Tafeln. 1871. Preis 2 *M.* 50 *₰.*

Das IV. Heft enthält:

Die Entwicklung des Keimes der Gattung Selaginella von **W. Pfeffer.** Mit 6 lithographirten Tafeln. 1871. Preis 5 *M.*

Das I. Heft des **2. Bandes** enthält:

Die Blüthen-Entwicklung der Piperaceen von **Dr. Fr. Schmitz.** Mit 5 lithographirten Tafeln. 1872. Preis 3 *M.* 50 *₰.*

Das II. Heft enthält:

Untersuchungen über Pollen bildende Phyllome und Kaulome von **Dr. Eug. Warming.** Mit 6 lithographirten Tafeln. 1873. Preis 5 *M.*

Das III. Heft enthält:

Untersuchungen über die Entwicklung der Cuscuteen von **Dr. Ludwig Koch.** Mit 4 lithographirten Tafeln. 1874. Preis 5 *M.*

Das IV. Heft enthält:

Die Pflanzen-Stacheln von **Dr. Conrad Delbrouck.** Mit 6 lithographirten Tafeln. 1875. Preis 5 *M.* 50 *₰.*

Das I. Heft des **3. Bandes** enthält:

Der Bau und die Entwicklung des Stammes der Melastomeen von **Dr. Hermann Voechting.** Mit 8 lithographirten Tafeln. 1875. Preis 5 *M.* 50 *₰*